FLUGZEUG TRÄGER

FLUGZEUG TRÄGER

High-Tech ■ Jets ■ Schiffe

Tony Holmes

Seit EMS 1789

Verlag E.S. Mittler & Sohn GmbH
Hamburg · Berlin · Bonn

Widmung

Dieses Buch ist A. W. 'Bill' Bedford, OBE AFC RAeS, gewidmet, der noch vor dem Schlußlektorat unerwartet verstarb.

Erstveröffentlichung in England 1998
von Airlife Publishing Ltd.

Übersetzung: Alfred W. Krüger, Bonn, 1999

Die Deutsche Bibliothek – CIP-Einheitsaufnahme
Holmes, Tony:
Flugzeugträger ; High-Tech – Jets – Schiffe / von
Tony Holmes
Hamburg ; Berlin ; Bonn : Mittler , 1999
ISBN 3-8132-0682-3

Satz: johannes bauer digital, Hamburg
Druck: Druckerei zu Altenburg GmbH, Altenburg

Printed in Germany

Inhalt

Danksagung und Quellennachweis

Immer habe ich mich bei den zahlreichen Besatzungen an Bord der Träger sehr wohl und willkommen gefühlt, mit denen ich im Laufe der vielen Borddienstjahre eingeschifft war. Obwohl ich aus Platzgründen nicht alle Kameraden und Freunde namentlich nennen kann, die mir bei der Erarbeitung dieses Buches geholfen haben, schulde ich doch nachstehenden Damen und Herren besonderen Dank für die hilfreiche Begleitung meines Buchprojekts bis zur seiner Fertigstellung.

Royal Navy / Royal Fleet Auxiliary / Fleet Air Arm
LtCdr Peter West, FONAC PRO; First Officer Tony Sherlock, RFA PRO; Cdr Chris Thomas, HMS *Ark Royal*; Rod Fredericksen, British Aerospace; LtCdr Dave Baddams, LtCdr Dick Hawkins und Lt Dicky Payne, No 800 Sqn; PO's Chris North and Brian Sharkey.

Fleet PR und DPR Navy
Lorraine Coulton und Keith Hanman.

US Navy
Lt (jg) Charlie Brown, PAO Naval Air Forces Pacific; Cdr Bob Anderson, Chief PIO (LdP) USCINCEUR; LtCdr Dave Wells and Lt Brett Kelly, PAO's auf CV-64 1995; Lt Jeff Breslau und Lt Meg Arthur, PAO's auf CV-64 1996; Cdr Dave Philman, CO der VFA-151; Lt Hal Schmitt, VFA-137, Lt Curt Seth and Lt John Solma, VF-2; Bildstelle auf CV-64, Besatzung von 'Hunter 613', Lt John-Paul Ayubi und Lt Mike Collins, AW2 Justin Tate und AW3 Natt McElroy; Cdr Jim Winter, Vertreter der 7. Flotte, West-Australien; LtCdr Tom Twomey.

Zivilpersonen
Michael O'Leary; Eve Taylor; Robin Surrich, US-Konsulat, West-Australien; Vic Jeffrey, Fleet PRO; Gary Sheehan und Richard Suidak, ANA; Tim Vickeridge; Peter Mersky; Mick Firth, Preston Helicopters; Julian Holdaway, Stevenson Aviation Ltd; Dave Wilton, BAR; Rod Burden; Ian Glanville, British Airways.

Einführung

Schon im Juli 1921 hatte der bei der damaligen amerikanischen Armee-Luftwaffe (USAAS – US Army Air Service, später USAAF – US Army Air Force) im Kriege berühmt gewordene Brigadegeneral William 'Billy' Mitchell die Verwundbarkeit selbst schwer gepanzerter und bewaffneter Kriegsschiffe durch Luftangriffe nachgewiesen und mit der Versenkung des vormals deutschen Schlachtschiffs *SMS Ostfriesland* durch Fliegerbomben eines Martin MB-2 Bomberverbandes nachdrücklich bestätigt. Dieser eindrucksvollen Demonstration vor der Küste Virginias wohnte eine große Gruppe interessierter und hochrangiger Offiziere, Soldaten und Seeleute der US-Streitkräfte, ausgewählten Militärattachés und Politikern aus Washington, D.C., bei. Wohl bezweifelten einige von ihnen den wirklichen praktischen Nutzen solcher Bomben-Versuche. Mitchell als Initiator dieses Tests mußte sich schwere Vorwürfe gefallen lassen. Gegner seiner Demonstration warfen ihm vor, mit seinen Aussagen und Maßnahmen gegen militärische Vorschriften und die Disziplin zu verstoßen. Aber seitdem war das einst so mächtige Schlachtschiff nicht mehr die »unbestrittene Königin der Meere«.

Über 70 Jahre später verfügen die Super-Flugzeugträger der 90er Jahre über weit größere Zerstörungspotentiale, als man sie sich an der Jahrhundertwende überhaupt vorzustellen vermochte. Tatsächlich ist ein einziger moderner »Super-Träger« in der Lage, mit der Vielfalt der von seinem Deck startenden konventionellen Waffensysteme selbst die am schwersten bewaffneten und stärksten gepanzerten Schlachtschiffe des Zweiten Weltkriegs zu versenken.

Das Machtpotential auf den Weltmeeren ging längst vom einstigen Schlachtschiff unwiderruflich auf den Flugzeugträger über. Nur ein gemeinsames Element beider Großkampfschiffe blieb unverändert: Der Faktor Mensch. Mehrere Tausend Mann bildeten die Besatzung früherer »stählerner Ungetüme«. Die um ein Mehrfaches größere Besatzung eines modernen Super-Trägers entspricht der Bevölkerung einer mittleren Kleinstadt. An Bord der *Nimitz*-Klasse sind beispielsweise einschließlich eingeschiffter Flugzeugbesatzungen mehr als 5000 Männer und Frauen.

Im vorliegenden ersten Band versuchte ich, dem Leser vor allem einen Eindruck vom Alltag der Männer und Frauen zu vermitteln, die auf dem »Dach« moderner Träger der amerikanischen Marine (USN – United States Navy) und der königlich-britischen Marine (RN – Royal Navy) ihren verantwortungsvollen und aufreibenden Dienst tun. Deshalb widmete ich dem Geschehen »unter Deck« weniger Aufmerksamkeit. Dies mögen mir all jene Besatzungsmitglieder nachsehen, die meist mit durchdringenden Geruch von Hydrauliköl und JP-4 Turbinentreibstoff vermischte, sehr viel seltener die frische salzhaltige Seeluft an Deck atmen können. Dieses Buch gilt somit überwiegend den »Braunen Schuhen«, wie die eingeschifften fliegenden Besatzungen im Bordjargon heißen, im Gegensatz zu den »Schwarzen Schuhen« der nicht-fliegenden Schiffsbesatzung.

Das tägliche Ritual des Deckflugbetriebs auf hoher See ist für den Betrachter ein tief beeindruckendes Erlebnis. Mit dem Betreten des stählernen Flugdecks prallt die ganze Wucht des Geschehens unmittelbar auf die Empfindungen aller fünf Sinne. Das mehrere Fußballfelder große Trägerdeck ist voller Flugzeuge, die im Sekundentakt auf unglaublich kurze Distanz mit halsbrecherischer Geschwindigkeit in die Luft katapultiert werden, um später buchstäblich »auf das Deck krachend« zurückzukehren und abrupt auf wenigen Metern abgebremst zu werden. All dies läuft absolut kontrolliert und reibungslos mit einer wie selbstverständlichen, dennoch atemberaubenden Routine ab. Ohrenbetäubendes Aufheulen der Triebwerke beim Einschalten der Nachbrenner in »Phase 5« des Katapultstartvorgangs liefert die höllisch-heiße Begleitmusik für dieses »Theaterstück auf See«. Nur gelegentlich dringt die »gottähnliche« Stimme des »Air-Bosses« aus den Deckslautsprechern mit knappen, bellenden Anweisungen durch das Getöse.

Im Umfeld des Betrachters wird der gewaltige, regelrecht sicht- und spürbare Lärm der »Operationen auf dem blauen Meer«, wie man Hochsee-Einsätze nennt, umgeben vom typischen Geruch des Flugzeugträgers, einem betäubenden Gemisch von Hydrauliköl, JP-4 Turbinentreibstoff, verbranntem Gummi, sengendem Metall und der salzigen See ringsum. Dieser penetrante Geruch brennt regelrecht auf der Haut und durchdringt selbst die Kleidung. Dreht das Schiff mit 30 Knoten Fahrt in den Wind, spürt man den Kerosin- und Abgasgeschmack auf der Zunge, vermischt mit dem Salz aus der Gischt des Meeres. Erst am Ende eines anstrengenden Tages wird diese seltsame Geschmackswelt durch eine andere, für amerikanische Flugzeugträger typische abgelöst: Die Cheeseburger, zusammen mit einer reichlichen Portion Pommes frites.

Schließlich berührt einen der fliegerische Decksbetrieb auf einem Flugzeugträger in einer besonderen Weise, die es nirgendwo sonst in der Militärfliegerei gibt. Die aus den Triebwerken einer Hornet, SeaHarrier oder Tomcat ausgestoßene Hitze hüllt den Menschen beim dichten Vorbeirollen in eine vibrierende, derart heiße Decke ein, daß der Schweiß aus allen Poren bricht. Wenn dieser Jet dann zum Katapultstart mit voller Schubleistung aufheult, schießt eine Schockwelle heißen Gasgemischs aus hochoktanigem Kraftstoff und flimmernder Luft durch Mark und Bein. Ein Sturm bricht vom Bug her los, donnert über das Deck und prallt auf die sich ihm entgegen stemmenden Körper von Kopf bis Fuß. Nur mühsam kann man sich auf den eigenen Beinen und das Gleichgewicht auf dem über 30 Meter hoch über der Wasseroberfläche liegenden »Dach« halten.

Diese beinahe außerirdisch anmutende Umgebung ist das Arbeitsfeld von jungen Menschen, die körperlich und geistig ständig in Topform sein müssen. Jeder muß seine fünf Sinne voll beieinander haben, um die unverzichtbare Interaktion einer Vielzahl unterschiedlicher Funktionen in diesem hektischen, scheinbar chaotischen, dennoch mit Uhrwerk-Präzision ablaufenden Flugbetrieb zu gewährleisten, aber auch selbst darin unversehrt zu überleben. Hier ist weder Platz für Selbstgefälligkeit noch Spielraum für den kleinsten Fehler.

In den vergangenenen zehn Jahren hatte ich die seltene Gelegenheit, das wohlorganisierte Chaos des Marineflieger-Trägerbetriebs von bestmöglichen Standorten auf dem stählernen Flugdeck aus zu beobachten. In der gleichen Zeit seit Veröffentlichung meines ersten Buches über amerikanische Flugzeugträger hat sich mit Blick auf den »potentiellen Gegner« vieles grundlegend geändert. Globale Bedrohungen entstanden, und der Einsatz militärischer Gewalt gegen solche Aggressoren war aktuell geboten.

Viele Jahre hindurch bekannte Flugzeugtypen wie A-7 Corsair II, A-6 Intruder und SH-3/Westland Seaking mußten moderneren Entwicklungen weichen. Andere Jetveteranen, wie die F-14 Tomcat und FRS SeaHarrier, wurden in ihrer Leistungsfähigkeit und Mehrzweckeignung erheblich verbessert, um für verschiedenste Rollen auch im 21. Jahrhundert einsatzbereit und tauglich zu bleiben. Eine ganze Reihe berühmter Schiffe und Staffeln der Marinen ging in die Reserve oder wurde aufgelöst, ihre Flugzeuge entweder eingemottet oder verschrottet. Allein die US Navy verlor so in den letzten zehn Jahren ein Drittel ihrer aktiven Hochsee-Einheiten. Nur vier neue atomgetriebene Großträger (CVN) der *Nimitz*-Klasse nahmen die Plätze von sechs aus dem Frontdienst in die Reserverolle versetzten Trägerriesen ein.

Trotz schrumpfender Verteidigungsetats mit entsprechend verringerten Ausrüstungen und Personalstärken werden die großen Flugzeugträger für die wenigen Länder, die sie sich auch künftig noch leisten können, das primäre Instrument zur Machtprojektion gegenüber globalen Bedrohungen bleiben. Wer weiß schon, was von den Flugzeugdecks der »Super-Träger« aus startet, wenn ich die Einführung zu meinem dritten Band über die Marinefliegerei im Jahre 2007 schreiben werde ?

Tony Holmes
Sevenoaks, Kent

WestPac 95

Zeit: April 1995
Ort: Indischer Ozean
Träger: USS *Constellation* (CV 64)

Ein längerer Fronteinsatz in überseeischen Gewässern, viele tausend Meilen von der Heimat entfernt, stellt den wirklichen Leistungstest für einen Flugzeugträger dar. Für die US Marine heißt diese Herausforderung *»WestPac«* (Westpazifik) oder *»NorLant«* (Nordatlantik). Gewöhnlich wird ein einziger »Super-Träger« durch mehrere Eskort-, Unterstützungs und Versorgungsschiffe begleitet. Das *»WestPac«*-Unternehmen dauert gewöhnlich sechs Monate. Der Einsatzraum dieser Kampfgruppe reicht dabei bis in den persischen Golf.

Lange Zeit begann das eigentliche Einsatzszenario mit dem Jagdschutz für das Bombengeschwader und die Flottenkampfgruppe. Northrop Grummans bewährte F-14 Tomcat erreicht nach jahrzehntelanger Dienstzeit alsbald ihre Lebensdauergrenze. Trotzdem wurde sie erst in den letzten fünf Jahren durch Remotorisierung zur F-14D weiterentwickelt und gleichzeitig zum richtigen Mehrzweckjäger mit modernster Avionik gemacht, der auch Präzisionsbombenangriffe fliegen kann. Ihre Überlegenheit gegenüber der F-14A liegt vor allem in neuen General Electric F110-GE400 Turbofans und dem modernsten AN/APQ-71 Radar in Verbindung mit neuer Digital-Avionik mit MIL-STD-1553G Hochleistungs-Multiprozessoren. 55 F-14D stehen im Marine-Einsatz, davon 37 neu gebaute und 18 nachgerüstete F-14A. Sie wurden drei Front- und einer Trainingsstaffel zugeteilt. Nach der Umrüstung der VF-11 »Red Rippers« auf F-14B, blieben nur die VF-31 »Tomcatters« und VF-2 »Bounty Hunters« (siehe Staffelwappen rechts) im aktiven Trägereinsatz auf See. Eine der 14 F-14D an Bord der CV 64 beim *WestPac '95* war die zehnte, bei Grumman in Bethpage neugebaute Bureau Number (BuNo) 163895, die am 31.10.1990 an die USN ausgeliefert wurde.

Abbildung unten:
Kennzeichen des »Flugdeckchefs« sind die gelbe Rettungsweste, Schutzhelm mit Lärmschutz- und »Funkohren«. Durch festgelegte Handzeichen weist er die F-14-Besatzung »Bullet 111« (BuNo 159613) auf dem Dampfkatapult ein, während der »Sicherheitsmann« mit weißer Weste, die funktionssichere Kopplung des Bugrads mit dem Katapultschlitten vor dem Start überprüft. Gut sichtbar ist die F-14D-typische doppelte General Electric/Martin Marietta Kinn-Sensor-Anordnung unterhalb des Radarbugs mit dem GE Aerospace Electronic Systems AN/AAS Infrarot Scanner/Tracker (IRST, rechts) und dem Northrop AN/AAX-1 TV-Kamerasatz (TCS, links, flach). Darunter ist das rote Bug-Anti-Kollisionslicht angeordnet. Diese Maschine wurde im September 1975 als F-14A an die US-Flotte ausgeliefert und 1991 als eine von 18 F-14D (R) bei Grumman im Werk Bethpage für eine verlängerte Dienstzeitperiode modernisiert. 1992 kam sie mit dem Bordgeschwader CVW-14 für eine weitere *WestPac*-Tour an Bord der CVN-70 USS *Carl Vinson* wieder zur VF-11 als »Ripper 106«, ehe sie 1994 der VF-2 zugeteilt wurde.

In den Weiten des Pazifik und zuletzt auch des Indik lag das besondere Einsatzgebiet der amerikanischen 3. und 7. Flotte über Jahrzehnte. Die ruhmreiche Geschichte des US-Flotteneinsatzes begann im Zweiten Weltkrieg in den wärmeren Gewässern des Westpazifik. Heute sind die gleichen Positionen und Orte Einsatzraum der jüngsten Marineflieger-Generation, ruhend in einer über ein halbes Jahrhundert langen stolzen Tradition. Seit damals schlugen die Wellen der koreanischen und vietnamesischen Küstengewässer an die Bordwände der amerikanischen Flugzeugträger. Im Laufe der letzten Jahrzehnte dehnte sich das Operationsgebiet immer weiter westwärts bis in den Indischen Ozean aus. Von hier aus unterstützten sie dann auch tausende Kampfeinsätze im Persischen Golf.

Einer der bewährten *WestPac*-Veteranen der rückliegenden 30 Jahre war die USS *Constellation* (CV 64). Seit ihrer Indienststellung 1961 nahm das Schiff an nicht weniger als 17 solcher ozeanischen Unternehmungen sowohl im Frieden als auch im Krieg teil, darunter allein acht Einsatzperioden im Laufe des Vietnam-Kriegs. Während eines *WestPac*-Einsatzes der CV 64 Task Force im August 1964 wurden zwei Zerstörer der 7. Flotte von nordvietnamesischen Torpedobooten nahe der kommunistischen Küste angegriffen. Zusammen mit Flugzeugen des kleineren Trägers USS *Ticonderoga* (CVA 14) flog das Bordgeschwader der Conny am 5. August bei der Operation *Pierce Arrow* die ersten Luftangriffe auf Nordvietnam.

Im Frieden während der *WestPac '85* erlebte die CV 64 die Bordeinführung der neuen F/A-18 Hornet in den aktiven Trägerdienst mit den Staffeln

Genau in der »Spur« und in guter Position für einen »OK Three«-Decksanflug landet der Pilot seine »Bullet 105« (BuNo 164603) genau auf dem vom mittleren roten Landesignalgeber (LLD – Landing Light Device, im Bordjargon »Fleischkloß«) angezeigten Gleitpfad auf dem Stahldeck der Conny. An dieser Position ist er kurz vor dem Touch Down (Aufsetzen) rund 140 Knoten (259 km/h) schnell. Kommt es zu einem »Bolter«, d. h. Verfehlen der quer über das Flugdeck gespannten vier Stahlfangseile oder zu einem zu harten Aufsetzen mit anschließendem »Bolt«, d. h. Hüpfen über die Fangseile nach erster Deckberührung, verfügt der Pilot über eine enorme Schubkraft (genauer: 27600 Pfund = 12530 kp pro Triebwerk) zum »Go Around« (Durchstarten) und erneutem Landeanflug.

VFA-25 und VFA-113. Zehn Jahre später -- nach einer dreijährigen, 800 Millionen Dollar teuren Werftliegezeit und umfassendem Modernisierungs- und Lebensdauer-Verlängerungsprogramm (SLEP – Service Life Extension Program) – begann 1989 ein weiteres *WestPac*-Unternehmen. Seit Rückkehr des Schiffes aus der Marinewerft Philadelphia nach Kalifornien im Juli 1993 wurde an der Wiederherstellung der vollen Einsatzbereitschaft intensiv gearbeitet. Mit Verlassen des heimischen Ankerplatzes North Island der großen kalifornischen US-Marinebasis San Diego in den ersten Novembertagen 1994 begann diese *WestPac*-Operation mit über 4000 Seeleuten der Schiffsbesatzung und 1500 Mann des eingeschifften Bordgeschwaders. Auf weiteren Stützpunkten entlang der amerikanischen Westküste bereiteten sich die Staffeln der CVW-2 (Carrier Vessel Wing) 18 Monate lang auf die große Herausforderung des *WestPac '95* vor.

Die F-14 des Staffelchefs (CAG – Commander Air Group) VF-2 (BuNo 161163) sonnt sich hier vor der imposanten Kulisse der mächtigen Turminsel-Aufbauten der Conny in der Wärme eines typischen Augusttages im Hafen von Fremantle, West Australien. Seit Einführung taktischer Tarnanstriche Anfang 1980 tragen nur noch die Maschinen des Gruppenkommandeurs und der Staffelkapitäne bunte Markierungen ihrer Einheiten, und selbst diese variieren in Farben und Größe entsprechend der Einstellung des Chefs gegenüber Staffel-Wappen. Zum Glück für Fans von Wappen und Markierungen respektierte der damalige verständnisvolle VF-2-Chef, Cdr L. Scott 'Scooter' Lamoreaux, die stolze Tradition seiner Einheit und ermunterte seine Männer, die »Bullet 100« und »101« mit voller Staffelkennzeichnung zu dekorieren. Eine der sechs F-14D(R) der »Bounty Hunters« war 1995 die 390. für die USN gebaute Tomcat, die ursprünglich als F-14A im Februar 1981 vom Werk Bethpage ausgeliefert wurde.

Während der Fahrt in den Pazifik waren 75 Kampfflugzeuge an Bord, vom zweistrahligen Überschall-Schwenkflügler F-14D Tomcat bis zum SH-60F Seahawk Mehrzweck-Hubschrauber. Die diesen Bordflugzeugen inherente Kampfkraft verleiht der Kampfgruppe den notwendigen abschreckenden Respekt gegenüber potentiellen Aggressoren und ermöglicht ihr, unabhängig von landgebundener Unterstützung zu operieren. Außer dem Bordgeschwader gehörten zur Kampfgruppe (Task Force) der Zerstörer der *Spruance*-Klasse, DD 965 USS *Kinkaid,* das Angriffs-U-Boot der *Los Angeles*-Klasse SSN 754 USS *Topeka* und das Munitionsversorgungsschiff der *Kilauea*-Klasse AE 35 USS *Kiska.* Bei Erreichen der Gewässer um Hawaii stießen noch die Schiffe der »Kreuzer-Zerstörer-Gruppe 1« mit den Raketenkreuzern der *Ticonderoga*-Klasse, CG 65 USS *Chosin* und CG 70 *Lake Erie*, und dem Tanker AO 177 USS *Cimarron* (Typschiff) zur Trägerkampfgruppe. Damit war der *WestPac*-Kampfgruppenverband komplett.

Der erste harte Einsatztest begann für die Trägerkampfgruppe unter Führung von Kapitän zur See David C. Nichols (CAG) Ende November mit der Teilnahme an der Operation *Beachcrest '95* vor der japanischen Insel Okinawa. Während der zehntägigen Übung flogen die Bordflugzeuge der Conny gemeinsam mit und gegen F-15C Eagle der USAF (United States Air Force) und F/A-18 Hornet des USMC (US Marine Corps) von der Kadena Air Force Base in Japan. Geübt wurden vor allem gemeinsame CAS (Combat Air Support)-, DACT (Defensive Air Combat)- und OCA/DCA (Offensive und Defensive Counter-Air)-Missionen. Für die USMC-Staffel VMFA-323 »Death Rattlers« mit ihren F/A-18C Hornet waren die CAS-Einsätze besonders erfahrungsträchtig, da sie als einzige USMC-Staffel für die ganze *WestPac*-Dauer mit ihren 231 Soldaten zur Trägerkampfgruppe gehörte und auf

Die durchschnittliche Landestrecke eines überschallschnellen Jets auf dem Trägerdeck liegt bei etwa 320 Fuß (97 m). Die Spannkraft der Fangseile variiert entsprechend dem Landegewicht der verschiedenen, an Bord eingeschifften Flugzeuge. Eine F/A-18C in typischer Friedenskonfiguration wiegt bei Passieren der Landedeckkante etwa 42000 Pfund (19060 kg), während eine mit TARPS (Tactical Airborne Reconnaissance All-Weather Pod System) ausgerüstete F-14D mit 71000 Pfund (32234 kg) Landegewicht von den quer über das Landedeck gespannten Fangseilen abrupt abgebremst wird. Die Bremskraft der Fangseile wird durch die Bremsanlage direkt unter dem Flugdeck entsprechend der verfügbaren Decklandestrecke nach dem Flugzeuglandegewicht vergrößert oder verringert. Diese hochbelasteten Fangseile halten rund 100 Landungen aus.

der *Conny* eingeschifft war. Viele ihrer Übungseinsätze wurden zur Unterstützung ihrer »Schlamm-Marine«-Kameraden bei der simulierten »Invasion« vieler Übungsplätze in der Okinawa-Region geflogen.

Danach folgten mehrere Tiefflug-Angriffsübungen vor der Küste Südkoreas mit Tiefflug-Navigationsaufgaben, Flügen an die Entmilitarisierte Grenzzone zu Nordkorea und Luft/Boden-Waffeneinsätze der Hornets, ehe die Kampfgruppe zu Weihnachten und Neujahr westwärts nach Hongkong und Singapur verlegte. Nach den Festtagen lief der Verband weiter westwärts bis zum Persischen Golf. Mit dem Eintreffen im Mittleren Osten begannen für die fliegenden Besatzungen ununterbrochene Überwachungsflüge in der von der UNO nach dem Golfkrieg 1991 verhängten südlichen No-Fly-Zone über dem Irak (Flugverbot für irakische Militärflugzeuge), von den Piloten schlicht »Kasten« genannt. An dieser Operation *Southern Watch* waren Marineflugzeuge der USN in den letzten sechs Jahren in hohem Maße beteiligt. Mehrfach mußten sie dabei ihre mitgeführten Bordwaffen gegen streitsüchtige irakische Flugabwehrraketen-Stellungen und Flak-Batterien einsetzen.

Noch ehe der Träger seine Einsatzposition erreichte, verlegten als Vorkommando des Bordgeschwaders CVW-2 neun F/A-18C Hornet und die *WestPac*-»Neulinge« der VFA-137 »Kestrels« zusammen mit zwei EA-6B Prowler zum Luftstützpunkt Sheikh Isa im Inselstaat Bahrein. Unterwegs flogen sie noch einen Einsatz über dem Irak. Von Golf-Positionen aus stand die Bordkampfgruppe im ununbrochenen 73-Tage-Einsatz an der Frontlinie zum Irak, zusammen mit Flugzeugen der USAF, RSAF (Kgl. Saudischen Luftwaffe), RAF (Royal Air Force) und der FAF (French Air Force, Armée de l'Air). Die F-14D der VF-2 »Bounty Hunters« waren dabei besonders aktiv.

Der Trägerbug ist üblicherweise Sammelpunkt für die leichten Angriffsflugzeuge an Bord. Das war auch – wie das Bild zeigt – auf der CV 64 so. Zwei F/A-18C des Bauloses XV der VFMA-323 (»Snake 200«/BuNo 164721) und VFA-137 (»Falcon 406 »/BuNo 164715) sind hier zwischen Übungseinsätzen vor der Südküste West-Australiens nebeneinander abgestellt. Beide Maschinen sind mit CBU Mk. 7 (Cluster Bomb Unit – Streubomben-Dispenser) an den äußeren Flügelpylons beladen. Nach erfolgreicher Beladung der USMC-Hornets mit den CBU's zieht der Waffenwart (rote Weste, auch »BB-Stacker« genannt) das Stromversorgungskabel aus dem Bodenanschluß am Flugzeug ab.

Wenige Minuten vor der der nächsten Startserie sieht das Trägerflugdeck oft »gerammelt voll« aus, wenn bis zu 20 Flugzeuge nacheinander gegen den Wind hinter den vier Dampfkatapulten aufgereiht warten, bis der Träger ebenfalls in den Wind gedreht und seine Geschwindigkeit auf 30 Knoten (55,56 km/h) erhöht hat. Dann beginnt die Startsequenz. Dicht hinter dem Bugkatapult 2 hat sich die »Snake 202« (BuNo 164724) der VMFA-323 in die Warteschlange eingereiht. Besonders aufmerksam beobachtet der Pilot den Waffenwart (rote Weste) beim letzten Check der AIM-9L Sidewinder-Startschienen am Flügelende. Die Staffel VMFA-323 »Diamondbacks« von der MCAS (Marine Corps Air Station – Marinekorpsbasis) Miramar ist eine der drei allein für den Flottenträgereinsatz qualifizierten USMC-Staffeln, die regelmäßig auf Trägern eingeschifft an Hochsee-Operationen der US Navy teilnehmen. VMFA-251 und -312 sind die beiden anderen auf der MCAS Beaufort, South Carolina, stationierten Staffeln des USMC.

Alle Strahlflugzeuge der CVW-2 (Carrier Vessel Wing) zeigten nach den seit November 1994 andauernden Einsätzen im April 1995 deutliche »Gebrauchsspuren«. Typisches Beispiel dafür war die »Switch 302« (BuNo 164897) der VFA-151 von Einsatzoffizier (XO) Cdr Dave 'Deke' Philman kurz vor Ende seiner vierten *WestPac*-Tour. Zuletzt war er in seiner inzwischen ausgemusterten LTV A-7E Corsair II »SLUF« (Short Little Ugly Fella) mit der VF-27 an der *WestPac 1990* beteiligt. Im Februar 1996 übernahm er das Kommando der VFA-151 »Vigilantes«, die er bei der *WestPac '97* führte.

»Switch 301« (BuNo 164896) spürt die Hitze des Vordermannes kurz vor dessen Start, als sie sich unmittelbar am JBD (Jet Blast Deflector – Abgasabweiser) hinter dem Cat 2 (Katapult 2) postiert. Die TER (Triple Ejector Rack – Dreifach-Abwurfschienen) sind mit 25 lb (11,35 kg) Mk 76 (Übungs-)»Blaubomben« am linken Außenpylon und den Loral (Ford Aerospace) AN/AAS-38 FLIR (Forward-Looking Infra-Red – Frontsicht-IR-Zielsensor)-Behälter über dem linken Hauptfahrwerk beladen. Die VFA-151 erhielt ihre 12 F/A-18C aus dem Baulos XV Anfang 1993 direkt vom McDonnell Douglas Werk in St. Louis, Missouri. Dadurch verfügte die Wartungscrew der Staffel glücklicherweise für alle ihre Maschinen über gleiche technische Lebenslaufakten. Klarstand und Einsatzbereitschaft der Staffel wurden damit wesentlich erhöht. Es erlaubte den Technikern zudem, alle Flugzeuge für annähernd gleiche Einsatzflugstunden einzuplanen.

Sie flogen nicht nur DCA-Missionen und TARPS-Aufklärung tief in den »Kasten« hinein, sondern auch zum CAP-Flottenluftschutz für die Kampfgruppe selbst.

Angesichts geringer Bedrohung durch Elektronische Kriegführung im Mittleren Osten wurden die vier EA-6B Prowler der VAQ-131 »Lancers« ständig zur Unterstützung von UNO-Flugzeugen bei ihren teils riskanten Einsätzen über dem südlichen Irak angefordert. 730 Flugstunden bei 175 Einsätzen belegen den pausenlosen Einsatz der EA-6B-Staffel im ersten Quartal 1995.

Mit dem beim CVW-2 überwiegenden neuen 15. F/A-18C-Baulos war keines der 36 Flugzeuge in den drei Staffeln seit 1991 im Flotteneinsatz. Kein Wunder also, daß man diesen leichten Kampfflugzeugen den Löwenanteil der Überwachungsflüge der Conny zuteilte. Die dabei einsatzfreudigste Staffel war die VMFA-323 mit nicht weniger als 411 Überwachungsflügen in 820,4 Flugstunden über der No-Fly-Zone des südlichen Irak oder vor seiner Küste. Wenn nicht »auf Station«, nahm die CVW-2 an z. T. eigentümlich bezeichneten Manövern mit regionalen Luftwaffen teil, so an der Übung *Beacon Flash* zusammen mit Sepecat Jaguar OS der ROAF (Kgl. Omanischen Luftwaffe), Hawker Hunter FGA. Mk 37 und BAe Hawk 200, Eager Archer mit McDonnell Douglas KAF-18 der KAF (Kuwaiti Air Force) oder Nautical Artist und Neon Arrow mit F-15S/C Eagle und Tornado F.3 ADV der RSAF (Royal Saudi Air Force). Die VFA-151 »Vigilante« flog dabei über 60 solcher, auch für die meisten anderen CVW-2-Staffeln typischen Übungseinsätze und hatte schon vorher die 400-Flugstundenmarke während der *Southern Watch*-Phase der Tour überschritten.

Am 21. März 1995 wurde die Conny aus der Operation *Southern Watch* entlassen, und es schien klar, daß der letzte Überwachungsflug von einer Rotte F-14D der VF-2 durchgeführt wurde, voran der Staffelchef, Kapitän zur See 'Nickel' Nichols. Knapp 800 Einsätze flogen die »Bounty Hunters« und waren zur Durchsetzung der UNO-Sicherheitsrats-Beschlüsse rund 2050 Stunden in der Luft. Dies trug natürlich zum bemerkenswert hohen

Oben:
Die F/A-18C (BuNo 164712) des VFA-137-Staffelchefs (CAG) erlangte als 10000stes, im McDonnell Douglas Werk in St. Louis, Missouri, gebautes militärisches Strahlflugzeug eine gewisse Berühmtheit. Auch der erste dort gebaute Militärjet, die FH-1 Phantom, war ein Marineflugzeug und machte im Februar 1945 seinen Erstflug. Rund 50 Jahre später wurde die »Falcon 400«/NE/CAG am 10. Februar 1993 an die VFA-137 auf der Marinebasis (NAS) Lemoore ausgeliefert. Sie war eine der 12 neuen Maschinen der Staffel aus dem Baulos XV zur Ablösung der älteren F/A-18A des Loses VIII, kurz bevor die Kampfgruppe CVW-2 mit diesen neuen »Kestrels« »aufgemöbelt« wurde. Bei einem solchen Stammbaum mußte diese Maschine natürlich das »Flaggschiff« der Staffel mit bunter Leitwerksbemalung werden, die einen stilisierten Raubvogel auf den Außenseiten des Doppelleitwerks zeigt und das CVW-2-Wappen auf den Innenflächen, sonst nicht üblich auf den Maschinen der VFA-137. Ungewöhnlich ist auch das MacAir-Firmenlogo am Bug für das 10000ste McDonnell Douglas-Flugzeug aus St. Louis, das leider entfernt war, als der Autor es im Oktober 1996 wiedersah (siehe Kapitel 3).

Unten:
Ähnlich der »Switch 301« ist auch diese »Switch 310« (BuNo 164719) mit Übungsbomben MK 76, dem FLIR-Pod sowie AIM-7F Sparrow und AIM-9L Sidewinder Luftkampf-Lenkflugkörpern (LFK) beladen. Der Katapultstart-Strop ist schon vorn am Katapulthaken, die hydraulische Rückhaltestrebe hinten am Bugradfederbein eingeklinkt. Sobald der Pilot sieht, daß die Bugradbefestigung »OK« ist, überprüft er nochmals die Freigängigkeit aller Ruder und mechanischen Funktionen der Maschine. Gleichzeitig kontrolliert der Sicherheitswart der Staffel das Flugzeug außen herum. Waren alle Checks beanstandungsfrei, kann der Pilot nach Freigabe des »Deckchefs« Vollgas geben. Dabei wird das Bugradfederbein durch den enormen Triebwerksschub von 32000 lb (14528 kp) deutlich zusammengedrückt.

Die »Falcon 413« von Lt L.R. 'Pink' Floyd (BuNo 164739) wurde an den Decksrand geschoben, damit die Waffenwarte der Staffel (rote Westen) die Munitionstrommel der Maschine hinter dem Abdeckblech mit 570 Schuß nachladen können. Die 20-mm-Munitionsgurte kann ein 2–3-Mann-Team direkt aus dem Munitionskarren in die Trommel einziehen. Nach Rückkehr vom Einsatzflug entleert das Kanonenteam die Patronenhülsen aus der Trommel vor der Neumunitionierung direkt in den Hülsensammelkasten.

Flugstundenaufkommen der CVW-2 bei. Allein bei den Februar-Einsätzen flogen die 14 Maschinen in nur 15 Tagen 721 Stunden. Nach Passieren der Straße von Hormuz am 23. März nahm der Träger Kurs auf den für die bevorstehende Erholungspause bevorzugten Hafen Perth in West Australien. Kurz vor dem Einlaufen in den Hafen von Fremantle am 8. April nahmen Teile der CVW-2 noch an begrenzten Seekriegsübungen mit der australischen Fregatte HMAS *Darwin* (F 04) teil. Dabei wurden auch etliche Tonnen Waffenlast auf dem weiträumigen Übungsgelände »Lancelin« nördlich von Perth abgeworfen. Nach fünf Ruhetagen fuhr die *Conny* ostwärts durch die große Australische Bucht nach Sydney zu einem weiteren 48-Stunden-Besuch.

Damit war dieses *WestPac*-Unternehmen annähernd beendet, die »Kreuzer-Zerstörer-Gruppe 1« trennte sich wieder von der Kampfgruppe bei der Ankunft in Pearl Harbour. Vor der fünftägigen Rückfahrt nach San Diego nahm der CV 64 die Familienangehörigen der CVW-2 zur traditionellen »Tiger«-Kreuzfahrt nach Kalifornien an Bord. Die Bordgäste nutzten die Gelegenheit, den Bordflugbetrieb aus nächster Nähe mitzuerleben. Den Höhepunkt bildete der Abschiedsflug der CVW-2 am 9. Mai 1995. So blieb es der VF-2 vorbehalten, die bevorstehende Ankunft der *Conny* in San Diego nach erfolgreicher Beendigung ihrer ersten *WestPac*-Tour in sechs Jahren durch einen Überflug des Stadtgebiets und ihres Heimathorstes (NAS) Miramar mit allen 14 Tomcats der Staffel in enger Formation anzukündigen. Nach dem Einlaufen kehrten die anderen Staffeln der CVW-2 ähnlich demonstrativ am gleichen Tage zu ihren Heimatbasen zurück.

Bauwerft und CVW-2-Wartungseinheiten unterzogen das Schiff längeren umfangreichen Wartungs-, Instandsetzungs- und Modernisierungsarbeiten zur Vorbereitung der nächsten für Frühjahr 1997 geplanten *WestPac*-Operation.

Eingeschiffte Flugzeuge

VF-2 »Bounty Hunters« – F-14D Tomcat

161163/100	159630/101	164602/102	164350/103
163895/104	164603/105	163897/106	163903/107
163898/110	159613/111	159619/112	159628/114
159600/115	164349/116		

VMFA-323 »Death Rattlers« – F/A-18C Hornet

164721/200	164722/201	164724/202	164725/203
164727/204	164728/205	164730/206	164731/207
164732/210	164733/211	164734/212	164696/214

VFA-151 »Vigilantes« – F/A-18C Hornet

164703/300	164896/301	164897/302	164700/303
164708/304	164710/305	164713/306	164716/307
164719/310	164737/311	164740/312	164865/313

VFA-137 »Kestrels« – F/A-18C Hornet

164712/400	164698/401	164701/402	164704/403
164709/404	164693/405	164715/406	164718/407
164720/410	164707/411	164736/412	164739/413

VAW-116 »Sun Kings« – E-2C Group II Hawkeye

164112/600	164484/601	164487/602	164492/603

HS-2 »Golden Falcons« – SH-60F/HH-60H Seahawk
SH-60F

164079/610	164456/611	164458/612	164088/613

HH-60H

163792/614	163793/615

VAQ-131 »Lancers« – EA-6B Prowler

163398/620	163404/621	163524/622	163525/623

VS-38 »Red Griffins« – S-3B Viking

160573/700	160596/701	160583/702	160126/703
160567/704	160576/705	158872/706	160578/707

VQ-5 »Sea Shadows« »Det Alpha« – ES-3A Viking

158862/722	159397/726

*VRC-30 »Providers« – C-2A**

162173/20	162146/36

* technisch nicht zur CVW-2 gehörend

Einer der Höhepunkte der Manövervorbereitungen bei der *WestPac '95* vor Fremantle war eine Langstrecken-Seekriegsübung der EA-6B Prowler der VAQ-131 zusammen mit der australischen Fregatte HMAS *Darwin* (F 04). Die Führermaschine »Skybolt 620«/NE (BuNo 163398) des Staffelchefs nahm an dieser Übung teil. Er flog eines der 36 neugebauten und Ende 1980 an die USN ausgelieferten ICAP II (Improved Capability)/Block 86-Flugzeuge und nahm mit der ECM-Staffel VAQ-130 »Zappers« an der Operation *Desert Storm* im Golfkrieg (auch dort als »CAG Bird«-Führermaschine) im Verband des CVW-3 auf dem Träger USS *John F. Kennedy* (CV 67) teil. Wie die anderen drei EA-6B bei der *WestPac '95*-Tour ist diese Maschine nach dem Golf-Einsatz auf den Block 89-Standard nachgerüstet worden.

Die EA-6B »Skybolt 620« kehrt hier auf das Flugdeck des CV 64 zurück, sie hatte die *Darwin* am äußeren Verteidigungsrand der Kampfgruppe aufgespürt. Wegen der kurzen Zielentfernung, Einsatzdauer und Nähe der RAAF (Royal Australian Air Force)-Basis Pearce führte die Maschine nur einen Zusatztank (links) mit, während bei üblichen Hochsee-Operationen weitab von »freundlichen« Ausweichplätzen zwei Außentanks obligatorisch sind. Drei der vier übrigen Pylons tragen ECM-Pods ALQ-99F als Standardausrüstung der Prowler zur Störung (Jamming) gegnerischer hoher und niedriger Frequenzbänder. In diese Behälter (Pods) eingebaut sind ein Zielverfolgungsempfänger und Verstärker/Prozessor zur Stimulation und Kategorisierung elektronischer Signale. Deutlich erkennt man vorn an den Behältern kleine im Luftstrom rotierende RAT (Ram Air Turbine)-Propeller zum Betrieb der internen Stromgeneratoren und den Luftbetankungsstutzen vor dem Cockpit. Als Luftbremsen dienende Flügelend-Spoiler und der Landehaken sind ausgefahren.

Der »Haken-Renner« (grüne Weste) beobachtet das Einfahren des Fanghakens in den Heckboden der soeben gelandeten Prowler und signalisiert dem Bediener der Fangseilanlage am Flugdeckrand, daß die Maschine klar zum Rückrollen und Seilausklinken ist.

Rechts:
Die EA-6B ist ein unverzichtbarer Teil jeden Bordgeschwaders zur Elektronischen Kampfführung (EW – Electronic Warfare = EloKa) und Einsatzunterstützung der Jagdbomberstaffeln. Anders als diese, oft bis zu 50 Flugzeugen bei einer Mission, besteht die EW-Bordstaffel bei den *WestPac*-Operationen gewöhnlich nur aus vier Maschinen. Trotz dieser geringen Flugzeugzahl obliegt den EA-6B eine besonderes wichtige Einsatzaufgabe mit extremer Belastung gegenüber den anderen CVW-Bordflugzeugen. Moderne HighTech-Systemtechnologien in der Flugzeugzelle der A-6-Generation sind dafür bezeichnend. Im letzten *WestPac*-Monat werden deshalb die zunehmenden Wartungsaufwendungen für das hoch beanspruchte EA-6B-Quartett an den vielen Ausbesserungsflecken des Tarnanstrichs erkennbar. Wie die Führermaschine nahm auch die »Skybolt 623« (BuNo 163525) mit der VAQ-131 an der Operation *Desert Storm* im Golf-Krieg an Bord des Trägers USS *Ranger* (CV 61) teil.

VAQ-131
707
623
620
LCDR MIKE SHEA
TOUCHE
LT MIKE BRESLAUER
MUMBLES
STUMP
D96083

Der tägliche Träger-Flugbetrieb kann je nach eingesetzter Flugzeugzahl variieren. Dies gilt jedoch nicht für die E-2C *Hawkeye*-Einsätze. Stets ist sie die erste startende Maschine und die letzte, die landet. Wie die übrigen CVW-2-Einheiten verfügt auch die VAW-116 »Sun Kings« über vier der neuesten Group II E-2C-Flugzeuge der USN für besondere Missionen während der *WestPac '95*. Trotz ihrer äußerlichen Ähnlichkeit mit der »Vanilla«-Version E-2C (d. h. der ersten älteren Ausführung) stellt die Group II Version eine weit leistungsstärkere Ausführung mit modernsten Sensorsystemen dar. Die bedeutendste Verbesserung stellt das große tellerförmige Grumman/General Electric APS-145 Radar als Ersatz des APS-139 aus der 1988-Ära dar. Durch gesteigerte Bordrechnerkapazität wurde das Erfassungsspektrum von Bedrohungszielen wesentlich erhöht. Durch weitgehende Unterdrückung störenden Bodenechos erreichte man erheblich verbesserte Landzielerkennung, -bestimmung und -identifizierung auch über größere Distanzen. Das neue Hazeltine APX-100 IFF (Identification Friend Foe – Freund-Feind-Kennung) und JTIDS (Joint Tactical Information Distribution System – Verbundenes Taktisches Informationsverteilungssystem) trugen zur deutlichen Steigerung der E-2C-Einsatzwirksamkeit bei. Durch stärkere (je 1200 WPS/1631 kW) Allison T56-A-427 Propellerturbinen wurden stark gesteigerte Flugleistungen erreicht. Die Verbesserung der Group II E-2C-Landeeigenschaften gegenüber der älteren Group 0-Version erforderte für den LSO (Landing Signal Officer – Landekontrolloffizier) eine differenziertere Unterscheidung und Ansprechbarkeit beider äußerlich ähnlicher Varianten beim Landeanflug durch ein auf den Bugradom gemaltes weißes Kreuz.

Der Pilot der »Sun King 602« (BuNo 164487) betätigt schon den Flügelfaltmechanismus, obwohl das Flugzeug noch am Fangseil hängt. Die unter dem sonst glatten Rumpfboden erkennbaren Blattantennen sind ein typisches Merkmal für den Group II Nachrüst-Standard.

Obwohl diese Maschine (BuNo 164112) das Führungsflugzeug (CAG) mit voller bunter »Kriegsbemalung« der Staffel ist, sind alle vier E-2C »Sun Kings« für die Dauer der *WestPac '95* genau gleich mit den gelbbraungoldenen Markierungen bemalt. Noch Ende 1996 flog der Chef der VAW-116 dieses Flugzeug als »CAG Bird«.

Unten:
Die der CVW-2 zugeteilten Prowler hatten während des Hafenaufenthalts der *Conny* in Fremantle eine Ruhepause. Die S-3B hingegen schienen reif für den großen Flugzeugfriedhof auf der Davis-Monthan AFB. Die vielgefleckte Oberfläche der »Griffin 705« (BuNo 160576) war typisch für die acht VS-3B *Viking* auf dem CV 64. Sie waren zur Unterstützung der anderen taktischen Flugzeuge an Bord bei der kürzlich beendeten Operation *Southern Watch* unzählige Flugstunden in der Luft. Während der Einsätze vor der irakischen Küste hatte die Staffel eine Doppelrolle, einmal zur ASR (Armed Surface Reconnaissance – Bewaffnete Landaufklärung) zur Überwachung irakischer Radar-Aktivitäten und FlaRak-Stellungen mit Hilfe ihrer anspruchsvollen ALR-76 ESM-Sensor-Ausrüstung, zum anderen als Tankerflugzeug mit Douglas D-704 Buddy-Buddy Flügel-Kraftstoffbehältern (unter linker Fläche). Diese Maschine war schon an der letzten *WestPac*-Tour 1992/93 an Bord des Trägers USS *Ranger* und danach nochmals mit der VS-38 im Verband der CVW-2 beteiligt. Ihr erster Besuch in West Australien fand schon im Januar 1983 als CAG-Flugzeug der VS-37 »Sawbucks« bei der CVW-11 an Bord des Trägers USS *Enterprise* statt.

Die Führermaschine der VS-38 (BuNo 160573) sieht keinesfalls besser aus als die »Griffin 705«. Einziges Zugeständnis an ihre Leitfunktion als »erste« S-3B in der Staffel war das berühmte, etwas im Schatten liegende rote Greif-Emblem am Leitwerk. Hier wieder mit einem Buddy-Buddy-Tank am linken Flügelpylon nahm diese Maschine an zahlreichen Unternehmungen im Laufe ihrer über 15jährigen Flottendienstzeit teil. Erstmals war sie schon beim Aufenthalt im Hafen von Perth im Februar 1982 dabei, nun erneut mit der VS-38 an Bord der USS *Constellation*, diesmal zur CVW-9 gehörig.

0573
GPJS

Oben:
Egal aus welchem Blickwinkel man die *Vikings* der VS-38 sieht, immer meint man, ein älteres Gebraucht-Flugzeug aus »zweiter Hand« zu sehen. An Flügelnasen, Radom und Leitwerk sind deutliche Verwitterungsspuren sichtbar. Zur Unterstützung der VAQ-131 *Prowler* beim Seekriegsmanöver setzten die S-3B nicht nur ihr modernes Texas Instruments AN/APS-137(V)1 ISAR (Inverse Synthetic Aperture Radar – Synthetisch umkehrbarer Radaröffnungswinkel) bei ASUW-Taktiken (Anti-Surface Unit Warfare – Kampf gegen Überwassereinheiten) ein, die S-3B dienten auch zur Luftbetankung anderer Flugzeuge. Die »Griffin 705« ist im Landeanflug bei Drehzahländerungen ihrer General Electric TF-34-GE-2 Turbofans an typischen rülpsenden Triebwerksgeräuschen zu erkennen.

Unten:
Mit beiden ausgestreckten Armen signalisiert der »Haken-Renner« (grüne Weste) zugleich der LSO-Plattform und dem Bediener der Fangseilanlage, daß das Fangseil sich klar vom Fanghaken der »Griffin 706« (BuNo 158872) löste. Als älteste Maschine der VS-38 bei der *WestPac '95* stammte diese als 12. von 13 bei Lockheed für die USN gebauten *Viking* aus der im April 1972 bestellten Erstserie. Bei ihren beiden vorherigen Besuchen in Perth gehörte sie zur VS-37 der CVW-14 an Bord der *Conny* im September 1987 und war danach erneut mit dem CV 64 im April 1989 dort. Deutlich sichtbar sind die breiten Einschlitz-Landeklappen an der Flügelhinterkante der *Viking*, denen sie ihre ausgezeichneten Langsamflugeigenschaften verdankt.

Über viele Jahre war neben der für U-Jagd-Aufgaben bestimmten S-3A die US-3A COD die einzige andere *Viking*-Variante auf den Trägerdecks zu sehen. Sie wurden sämtlich Ende 1994 ausgemustert. Später gab es nur noch wenige, völlig umgebaute ES-3A bei regelmäßigen Einschiffungen kleinerer Sonderkommandos der Bordgeschwader bei Hochsee-Unternehmungen. Sie wurden von Besatzungen der VQ-5 »Sea Shadows« an der Westküste und VQ-6 Crews »Black Ravens« (»back east«) an der Ostküste geflogen. Ein typisches Detachment (Kommando) bei einer rund sechsmonatigen *WestPac*- oder *AirLant*-Unternehmung bestand aus zwei Flugzeugen, drei Piloten, drei NFO's (Naval Flight Officer) und einem Piloten oder NFO als Kommandoführer, je einem Technischen und Nachrichten-Offizier sowie 50 Mannschaften, teils als Besatzungsmitglieder oder Wartungstechniker. Während des *WestPac '95* war das »Det Alpha« mit zwei ES-3A (BuNo 158862 und 159397 – letztere oben abgebildet) an Bord des CV 64. Die VQ's waren als »Ohren« der Flotte eingesetzt und mit modernster Radar- und Funkpeilavionik zur weitreichenden Überwachung elektronischer Nachrichtenverbindungen aus der Luft ausgerüstet. Außer einem neuen größeren Bugradom und einem Peilantennenblock auf dem Rumpfrücken über dem Mittelflügel sind an die 60 weitere borstenähnliche Antennen über Rumpf und Tragflächen verteilt. Durch diese Zusatzausrüstung waren die ES-3A über 15 % schwerer als die älteren »Vanilla«-S-3B-Versionen.

Der Hubschrauberanteil im CVW-2 bestand aus je zwei Sikorsky SH-60F und HH-60H *Seahawks* der HS-2 »Golden Hawks«. Diese Einheit gehört zu den erfahrensten CV *Seahawks* der US Marine. Sie bekam ihre ersten H-60-Hubschrauber als Ersatz ausgedienter SH-3H *Seaking* im März 1990 auf dem Marinefliegerstützpunkt (NAS – Naval Air Station) North Island. Im Februar 1991 nahm die Staffel mit vier SH-60F und zwei HH-60H an Bord der USS *Nimitz* (CVN 68) als Teil des CVW-9 an ihrem ersten *WestPac*-Unternehmen teil. Ihre ganze *Seahawk*-Erfahrung brachte die HS-2 Ende 1992 im Zuge der Staffel-Reorganisation für das erste *WestPac*-Unternehmen in das CVW-2 auf dem neu ausgerüsteten CV 64 ein. Bald danach tauschte auch die frühere CVW-2-Hubschrauberstaffel HS-14 mit ihrer Ablösung durch die HS-2 ihre alten *Seakings* gegen *Seahawks* ein und gehörte zum CVW-5 an Bord der USS *Independence* (CV 62). Mit einem 120 USG (US Gallon – 450 Liter)-Zusatztank am rechten Rumpfpylon führte diese HH-60H HS-2/4/NE (BuNo 163792) einen »fliegenden Wechsel« ihrer Viermannbesatzung zwischen zwei Startperioden auf dem Trägerdeck durch, ohne die Triebwerke abzustellen.

Die zweite auf CV 64 eingeschiffte HH-60H HS-2/5/NE der Staffel (BuNo 163793) mit gefaltetem Hauptrotor sieht weniger verwittert aus als der »Hunter 614«. Das Bild zeigt einige äußere Unterschiede zwischen der HH-60 und der normalen SH-60, so das linksseitige Kabinen-Doppelfenster, HIRSS (Hover Infra-Red Suppressor Subsystem – Schwebeflug IR-Minderungssystem)-Abgasdüsen und den Loral AN/ALE-39 Chaff/Flare-Dispenser rechts neben der »Old Glory«-US-Flagge.

Oben:
Zwei Tankwarte (lila Weste) ziehen einen JP-5 (Kerosin)-Tankschlauch aus der Zapfanlage im Backbord-Deckslaufgang. Durch diese seitliche Einrichtung bleibt das Trägerdeck frei von Kraftstoffschläuchen und Tankausrüstung. 26 solcher Zapfstellen sind ringsum an den Flugdeckseiten angeordnet.

Oben :
Die Arbeit auf dem »Dach«, d. h. dem Flugdeck, macht recht schmutzig, man sieht es dem »Blaumann« (Arbeitsanzug) des »Bremsklotz- und Kettenwarts« buchstäblich an. Auf der Schulter trägt er Bremsklötze für die Laufräder der Bordflugzeuge, Hunderte davon werden ständig an Deck gebraucht. Diese Decksleute sind nicht nur für die sichere Deckhalterung abgestellter Maschinen, sondern auch für den Betrieb der vielen Schlepper und Bodendienstgeräte verantwortlich.

Links:
Kein Wunder, daß die beiden Waffenwarte (rote Weste) der VFA-151 nach wochenlangem Golf-Einsatz schon mit den Gedanken im bevorzugten *WestPac*-Urlaubshafen sind und eine kleine Pause beim Schärfen des AIM-7 *Sparrow* LFK an der Maschine des Einsatzoffiziers einlegen. Bei genauerem Betrachten ihrer Rettungswesten sieht man die eingearbeiteten Markierungsfarbbeutel, Preßluftflasche und den Notsender, die bei Berührung mit Seewasser automatisch aktiviert werden. Das gesamte Deckspersonal muß diese Westen tragen.

Unten:
Der an Deck knieende Katapultleitoffizier signalisiert dem im Hintergrund mit erhobenen Händen im Deckumlaufgang stehenden »Katapult-Schützen« den Katapult-4-Startknopf zu drücken. Damit endet eine komplexe, aber schnelle Ereignisfolge vom Einklinken des Flugzeugs in den Katapultstartschlitten, Checks von Triebwerken und Steuerung sowie die Katapultjustierung auf das Flugzeugstartgewicht. Lärmbedingt erfolgt die Verständigung zwischen Besatzung und Decksmannschaft wortlos, nur durch Zeichensprache.

Nach 73 Tagen strapaziösen Einsatzes im Persischen Golf wurden die über 5000 Mann Besatzung des CV 64 mit abwechslungsreichen und erholsamen Besuchen der australischen Häfen Fremantle und Sydney Anfang April 1995 belohnt. Bei Besuchen fremder Häfen stellt sich die dienstfreie Mannschaft traditionell im Decksumlaufgang in voller Uniform (weiß im Sommer, blau im Winter) auf, während das Schiff zur Begrüßung über die Toppen geflaggt wird. Das Flugdeck wird soweit möglich »aufgeräumt«, nur 12 Flugzeuge bleiben dabei unter Deck in den Hangars. Die Luftaufnahme aus einem Kawasaki-Bell KH-4 Hubschrauber zeigt am 8. April 1995 morgens 62 Maschinen an Deck der CV 64.

Unten:
Der Inselaufbau eines modernen »Super-Trägers« wie der *Conny* mit mehreren Decks der Schiffsführung überragt das Flugdeck turmhoch. Der wegen der Schornsteinabgase schwarz bemalte Hauptmast, gespickt mit zahlreichen Luft- und See-Überwachungs-Radar- und Satelliten-Empfangsantennen, ragt mit der 200 Fuß (60 m) über dem Wasser liegenden TACAN (TACtical Air Navigation)-Antenne auf dem Top hoch aus dem Inselaufbau heraus. Der kleinere Turm hinter der Insel trägt das AN/SPS-48 Radar des Flugzeugüberwachungssystems, die anderen weißen Radome beherbergen verschiedene Navigations- und Peilantennen.

Das mit einem 28-mm-Weitwinkelobjektiv aufgenommene Bild unterstreicht die Länge des CV 64, seinerzeit auch »Amerika's Flaggschiff« genannt. Mit 1079 Fuß (326,9 m) Länge und 270 Fuß (81,8 m) Breite beträgt die Einsatzverdrängung 88000 Tonnen. Die Erstfertigstellung kostete den US-Steuerzahler 1961 $400 Millionen, die spätere dreijährige, 1993 abgeschlossene SLEP-Umbauzeit (Service Life Extension Program) erforderte weitere $800 Millionen. Kommandant der *Conny* war damals Kapitän zur See Marc A. Ostertag, ein früherer Marinejägerpilot mit über 4000 Flugstunden auf F-8 Crusader, F-4 Phantom II und F-14 Tomcat. Vorher fuhr er geraume Zeit als Einsatzoffizier auf der USS *John F. Kennedy* (CV 67).

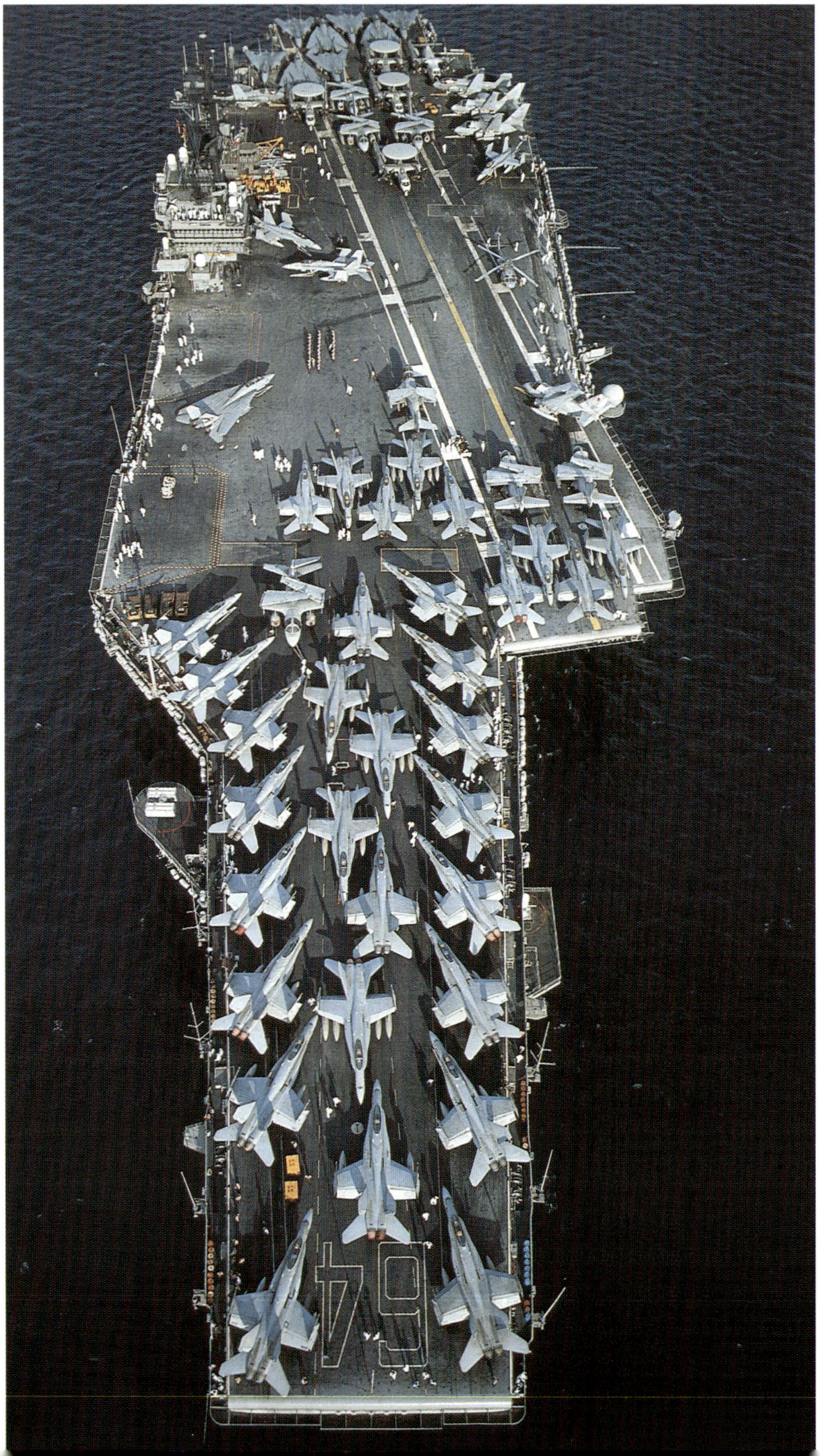

VFA-151
VMFA-323
VAQ-131
HS-2
VS-38
VF-2
VFA-137
VAW-116
WESTPAC 94-95
CVW-2

Seite 35:
Schlepper der Hafenbehörde in Fremantle (FPA – Fremantle Port Authority) bugsieren die *Conny* behutsam an den Liegeplatz neben dem Passagier-Hafenterminal. Jahrelang mußten die Super-Träger in der Gage-Straße ein bis zwei Meilen außerhalb des Hafens ankern, weil der Hafen für solch große tiefgehende Schiffe nicht genug ausgebaggert war. Ende 1980 begann die FPA ein ausgedehntes Programm zur Fahrwasser- und Hafenvertiefung. Ab 1989 konnten auch die großen konventionellen Träger im Hafen festmachen und damit Besatzungen und Besuchern während der fünf Besuchstage den Zugang zum Schiff wesentlich erleichtern.

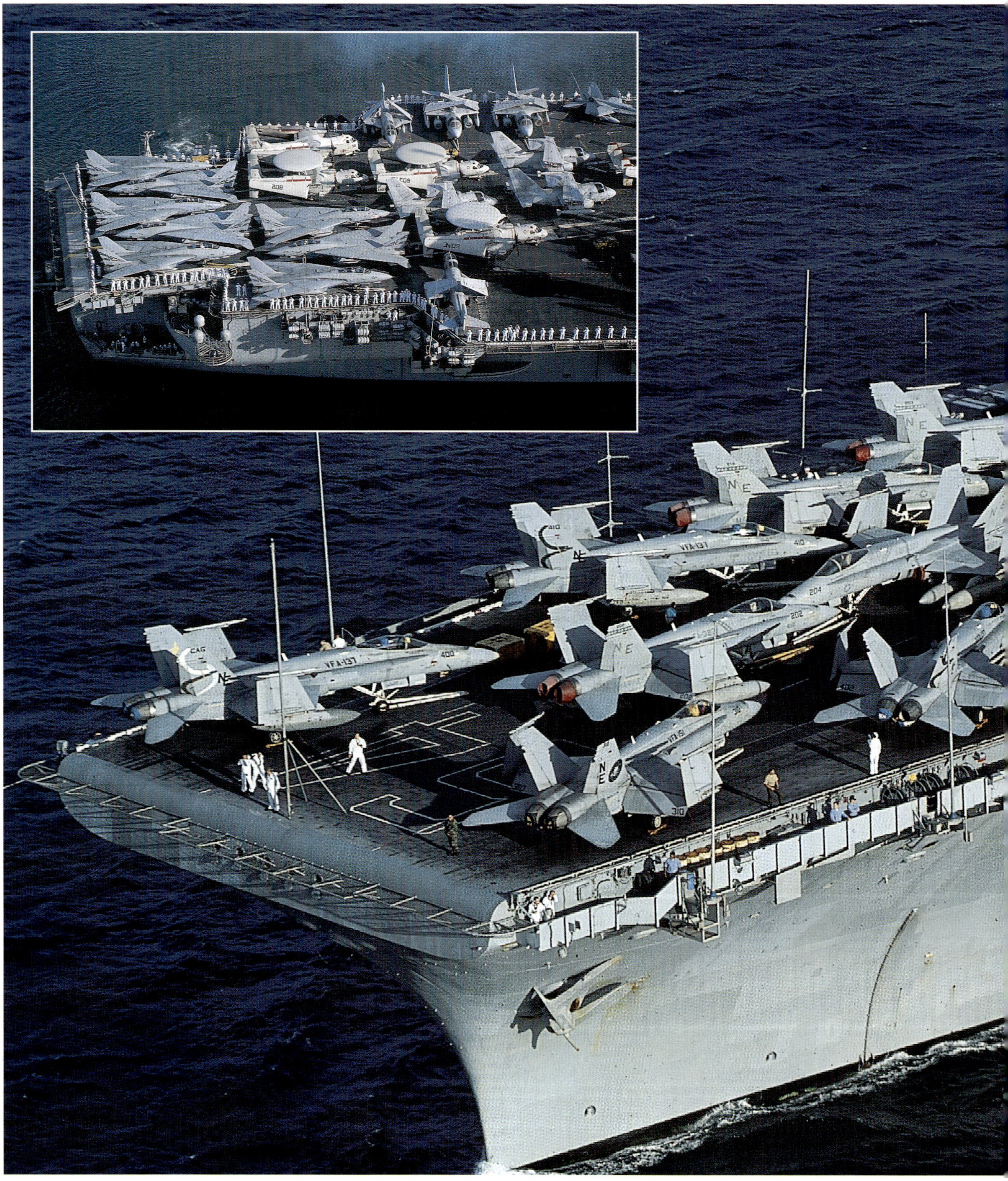

Inset links:
Während der Hafenaufenthalte wurde das Träger-Heck traditionell zur »Jäger-City«. Dazu schoben die Decksleute die F-14 Kopf an Kopf, Heck an Heck unter optimaler Decksnutzung so eng wie möglich zusammen. Dabei erwiesen sich die auf 68° Schnellflugposition rückgepfeilten Schwenkflügel der *Tomcats* als besonders platzsparend.

22 der 36 F/A-18C des Bauloses XI an Bord der *Conny* waren auf dem Vordeck in »Vierer-Reihe« (nahe den vier Dampfkatapulten) versammelt: Einmal mehr bewiesen die »Deck-Marschälle« damit Können und Routine, die Maschinen in engster Tuchfühlung zu postieren. Erkennbar sind die je Staffel verschieden farbigen Schubdüsen-Abdeckungen.

»Big John«

Zeit: Juli 1996
Ort: Im englischen Kanal
Träger: USS *John F. Kennedy* (CV 67)

Als die USS *Constellation* zum Abschluß ihrer SLEP-Modernisierung im Frühjahr 1993 in den Delaware-Fluß auslief, wurde das Trockendock in der riesigen Marinewerft Philadelphia schon zur »Gesichts- und Fitnesskosmetik« des nächsten »Kunden« für das 21. Jahrhundert vorbereitet. Es war *Conny's* jüngeres Schwesterschiff der *Kitty Hawk*-Klasse, die USS *John F. Kennedy* (CV 67), ein Veteran des Golf-Kriegs und zahlreicher *NorLant*-Unternehmen mit der 6. Flotte. Wie beim CV 64 wartete auf *Big John* zunächst ein allumfassendes, dreijähriges Modernisierungs-Werftprogramm. Infolge drastischer Kürzungen des Verteidigungshaushalts im Kapitol mußte die US Marine dieses Vorhaben erheblich straffen und das Schiff bereits im September 1995 aus dem Trockendock nehmen, d.h. ein ganzes Jahr vor dem ursprünglichen Fertigstellungstermin. Dadurch fiel das SLEP-Programm auf eine Verlängerung der Einsatzlebenszeit von nur 5–8 Jahren zurück, gegenüber dem auf 10–12 Jahre ausgelegten für die *Conny*.

Mit der Wieder-Indienststellung durch die USN verlegte der CV 67 von Norfolk nach Mayport in Florida. Kaum wieder im aktiven Flottendienst, wurde die *JFK* jedoch anstelle der eingemotteten USS *Forrestal* (CV 59) zum Reserveträger deklariert. In dieser Rolle diente das erneuerte *JFK*-Flugdeck den Schulgeschwadern VT-1 und VT-7 mit TA-4J-Kommandos im November 1995 als Gastübungsplatz zur CNATra (Chief, Naval Aviation Training)-Qualifikation für den Trägereinsatz. Im gleichen Monat verlegte die VFA-204 als erste Reservestaffel mit F/A-18A für einige Tage auf ihren neuen »schwimmenden Heimatplatz« mit Winkelflugdeck vor der Küste Floridas.

Im Gegensatz zu anderen in die »Reservistenrolle« relegierten Vorgängern behielt *Big John* aber seine volle Bewaffnung samt modernsten Sensor- und Jägerleitsystemen, um das Schiff kurzfristig wieder in die aktive Flotte übernehmen zu können. Die Ankündigung der Kommandierung des gerade aus einem ereignisreichen Mittelmeer Einsatz zurückgekehrten CVW-8 an Bord der CV 67 wies weiter auf die kurz bevorstehende Reaktivierung hin. Flugzeuge der CVW-8 waren auch in der Adria an Unterstützungseinsätzen für die Operationen *Southern Watch*, *Deny Flight* und *Deliberate Force* an Bord der USS *Theodore Roosevelt* (CVN 71) sowie an kürzeren Einsatzphasen auf dem neuesten USN-Träger, USS *John C. Stennis* (CVN 74), bis Dezember 1995 beteiligt.

JFK's erste größere Unternehmung begann am 17. Mai 1996 durch die CVW-8-Anbordnahme für ein Sechswochen-*NorLant*-Manöver mit Besuchen in Irland und England. Dieser Einsatz galt dem beiderseitigen Eingewöhnen von Schiff und Bordgeschwader als Vorbereitung für eine Sechsmonats-Expedition ab April 1997. Nach dreitägigen Tag- und Nachteinsätzen im Operationsgebiet vor der Küste Virginias (VaCapes OpArea) ging das CVW-8 während der Atlantiküberquerung mit Kurs Irland wieder zu konventionellen Einsatzübungen über. Für dieses Sonderunternehmen verfügte das CVW-8 – entgegen üblicher 1:3 Einteilung moderner Bordgeschwader – über je zwei F-14 Tomcat und F/A-18 Hornet-Staffeln. Die eingeschifften EW (Electronic Warfare)-, AWACS (Airborne Warning And Control System)- und ASW (Anti-Submarine Warfare)-Komponenten wurden aber beibehalten. Die Betonung der Jäger-Komponente ermöglichte den Staffeln VF-15, VF-41, VFA-15 und VFA-87 auf dem Atlantik eine Reihe beeindruckender Einsatzübungen im Typenmix zu fliegen und im Luft-Luft- und Luft-Boden-Einsatz gemeinsame Erfahrungen zu sammeln.

Der britische »Union Jack« flattert zur Begrüßung der Gastgeber von der Toprah des Hauptmastes im Wind, als sich *JFK* in imposanter Größe vor der Küste von Hampshire präsentiert. Nach Modernisierung für $300 Millionen auf der Marinewerft Philadelphia im Spätherbst 1995 füllte der CV 67 die durch die Ausmusterung der USS America (CV 66) entstandene Lücke im USN-Trägerarsenal wieder auf. Eine, im Gegensatz zu den beiden Halbschwestern USS *Kitty Hawk* und USS *Constellation*, aus Kostengründen gekürzte SLEP (Service Life Extension Program)-Modernisierung sicherte der *Big John* für weitere 6–8 Jahre einen festen Platz im aktiven USN-Flotteninventar.

Gegenüberliegende Seite:
Da ein großer Teil des Bordgeschwaders für die Dauer der Hafenaufenthalte auf die RNAS Basis Yeovilton auswich, scheint das Flugdeck auf diesem Luftbild ziemlich leer, als der CV 67 im Solent zwischen Southsea und der Isle of Wight ankerte. Unzählige Flecken an Deck markieren die Stellen besonderer Betriebsamkeit an den Abgasabweisern, Aufzügen, Katapultschienen, das Winkelflugdeck und der einzige Start-Overrun am Bug vor dem Katapult 1 rechts sind gut auszumachen.

Höhepunkt dieser kurzen Gewöhnungs- und Trainings-Tour war der Besuch in Dublin, wo *JFK* zum Mittelpunkt der Jubiläumsfeierlichkeiten der Irischen Marine wurde. Die US-Botschafterin in Irland, Jean Kennedy-Smith (immerhin eine ältere Schwester John F. Kennedys), soll bei der Planung dieser Unternehmung eine Rolle gespielt haben. Das unerwartet große Interesse der irischen Bevölkerung am Besuch »ihres« Trägers (das CV 67-Wappen mit irischer Eigenheit reflektierte wirkungsvoll des Namensgebers gälische Abstammung) fand darin beredten Ausdruck, daß die Irische Nationallotterie den Besitzern von 10000 Eintrittskarten einen Bordbesuch garantierte. Allein die physische Präsenz des 80000-Tonnen-Träger-Riesen stahl während des dortigen Aufenthalts allen anderen Veranstaltungen die Schau. Auch das Bordgeschwader tat ein Übriges dazu. Sobald das Schiff die Anker gelichtet hatte, startete ein Verband von 16 Maschinen, d.h. vier F-14 (je zwei der VF-14 und VF-41), sechs F/A-18 (zwei der VFA-15 und vier der VFA-87), zwei E-2C der VAW-124 und vier S-3B der VS-24, und überflog Dublin und Cork in enger Formation, quasi als »Danke schön« an die großartigen Gastgeber. Danach folgte der Verband dem mit Ostkurs durch die Irische See laufenden Träger. Vor Rückkehr an Bord wurden alle Flugzeuge durch S-3B noch in der Luft betankt. Rund 70 Meilen (113 km) vor der Südwestküste Englands geriet *JFK* in derart dichten Nebel, daß selbst die HH-60 Hubschrauber kaum an Bord zurückfanden. Fast ohne Alternativoption als auf einer sicheren Landbasis zu landen, änderten die Flugzeuge ihren Flugplan und kehrten geschlossen zur RNAS Yeovilton, Somerset, zurück, sehr zur Freude der Organisatoren der RNAS-Jahresflugschau am Wochenende des 13./14. Juli. Dazu kam noch eine Abordnung des CVW-8 mit zwei SH-60F und eine einzelne S-3B nach Boulmer während des *JFK*-Viertagebesuchs in Portsmouth.

Der letzte Landgang war mit dem überwältigenden Geschehen beim Irland-Besuch kaum vergleichbar. Das Wartungspersonal nutzte diese Zeit für fällige Wartungsarbeiten an einigen Maschinen vor der zwei Wochen dauernden Rückfahrt über den Atlantik nach Florida. Den Abschluß der NorLant-Tour bildeten Übungen in der Karibik. CV 67 und CVW8 blieben bis zur Überholungsphase Ende 1996 gemeinsam im Einsatz.

Oben:
Kennzeichnend für die allgemeine Wartungsperiode des CVW-8 während des Hafenaufenthalts in Portsmouth war die im Dezember 1983 an die USN gelieferte »Ace 110«/41/AJ (BuNo 162603). Wartearbeiten an der M61A1 Vulcan (Gatling Gun)-Bordkanone und 675 Schuß-Munitionstrommel nahe dem Decksaufzug No 4. Die unter dem Mittelrumpf aufgehängte Waffenpalette wurde ebenfalls an Deck gefiert, um leichteren Zugang zu den Einbausystemen der F-14 zu haben. Fast alle *JFK-Tomcats* sind mit den hier heruntergeklappten Ejektorracks ausgerüstet, daher ihre Bezeichnung »BombCats«. Die VF-41 machte während der Operation »Deliberate Force« über Bosnien-Herzegowina Geschichte, als zwei ihrer mit Laser-Lenkbomben bewaffneten F-14 als erste *Tomcats* überhaupt scharfe Bombeneinsätze gegen serbische Ziele am 5. September 1995 flogen. Die »Black Aces« warfen dabei in einer Bombardierungswoche 24000 lb (10896 kg) präzisionsgelenkte Munition ab, zusammen mit Laserausgerüsteten F/A-18C der VFA-15 und -87.

67

BUSTLER
A225

Betriebsame Leichter und Schlepper der Royal Navy kümmerten sich um die *Big John* nach dem Ankern im Solent. Viel geübte Praxis ist dabei die Versammlung der »Jäger-Gemeinde« auf dem achteren Flugdeck, dadurch bleibt das Mittel- und Vorschiff frei für die leichteren Bordflugzeuge. Die einzige E-2C an Deck steht mit hellem und glänzendem Anstrich, Kennzeichen und Markierungen in voller Farbe und Größe recht einsam zwischen den uniform mattgrauen Jagdflugzeugen. Der gelbe Vertikal-Lichterbalken unter der Flugdeckachterkante gehört zum auf die Mittellinie des Winkeldecks ausgerichteten Landelichtersystem. Das weiße Rechteck im ersten oberen Drittel ist der Azimuthdom für das SPS-41 ACLS (Automatic Carrier Landing System). Es bildet für die anfliegenden Maschinen das entscheidend wichtige farbige Orientierungskreuz im Landeanflug. Der andere weiße Kasten auf der unteren etwa 15 Fuß (4,5 m) hohen Gittermast-Plattform hinter der Insel enthält den gleich wichtigen Elevationsdom. Auf dem CV 64 wurde dieses System durch LCL (Laser Centerline Localizer) und LGI (Laser Glidescope Indicator) der Firma Laser Guidance Inc. ersetzt, das sich besser für Präzisionsanflüge bei schlechtestem Wetter aus bis zu 20 Meilen Entfernung (32 km) bewährte. LVLA (Laser Visual Landing Aids) mit schwachen, augensicheren Lasern erzeugen sichtbare »Nadeln« in Form zweier Lichtbälle unter dem achteren LCL und am Inselaufbau hinter dem achteren LLD-»Fleischkloß«. Wahrscheinlich wurde dieses System inzwischen auf allen Fronttrágern installiert.

Strittig mag sein, ob der berühmte »Hohe Hut« im Wappen der VF-14 das *JFK*-Deck auf der Fahrt in europäische Gewässer zierte, da das CVW-8 mit nur einer F-14-Staffel an Bord zu einer Unternehmung der 6. Flotte zur Angleichung der Zusammensetzung mit allen anderen Bordgeschwadern kam. Dennoch war die VF-14 die zahlenmäßig größere von zwei eingeschifften Jagdstaffeln bei der Unternehmung *NorLant '96* in Reflektion der 10 F-14A in der TARPS-Rolle. Die 17 Maschinen-Stärke bei der kurzen 1996-Mission sah einige der schon am längsten und immer noch eingesetzten F-14. Zwei der VF-14-Flugzeuge (»Tophatters 212« (BuNo 158615) und »216« (BuNo 158617) waren die ältesten aller Einsatzjäger – beide gehörten zum ersten von Grumman schon Ende 1972 gelieferten Block-60-Auftrag für acht Flugzeuge.

Der persönliche Platz des Einsatzoffiziers der VFA-15, Cdr Mark 'Guad' Guadagnini, zeigt seine »Valion 302«/AJ/02 (BuNo 164643) mit offener Wartungsklappe des linken Avionikraums mit einer Reihe von »Black Boxes« unter dem Cockpit. Die aus dem Baulos XIV stammenden nachteinsatztauglichen F/A-18C der »Valions« nahmen an den Rund-um-die-Uhr-Einsätzen gegen die Serben in Bosnien-Herzegowina im August/September 1995 teil. Die Staffel flog über 50 Einsätze gegen Munitionsdepots und militärische Versorgungseinrichtungen und warf bei dem zweiwöchigen Unternehmen 47 (LGB) Laser-Lenkbomben, 9 AGM-88 HARM (High-Velocity Anti-Radiation Missile), zwei SLAM (Stand-Off Land Attack Air Missile, AGM-84) und erstmals von der USN eingesetzte GBU-24 (Hard Target Penetrator) ab. Gleichzeitig führte sie 70 SEAD (Suppression of Enemy Air Defence)-Missionen gegen die Bodenluftverteidigung durch.

Die noch aus Sicherheitsgründen am Flugdeck festgezurrte VFA-87 *Hornet* (»Warrior 406« BuNo 164644) ist klar zum Anlassen ihrer beiden General Electric F404-GE-400 Turbofans. Auffällig ist die Beladung mit fünf 330 USG (870 Liter)-Zusatztanks, der Behälter am äußeren rechten Flügelpylon und die linke obere Rumpfseite tragen noch die »Speer«-Markierung des vorherigen Führer-Flugzeuges der VFA-87, die während *NorLant '96* keine derart speziell bezeichnete an ihren hierbei nur acht statt sonst zwölf beteiligten Staffelflugzeugen hatte.

Eingeschiffte Flugzeuge

VF-41 »Black Aces« – F-14A Tomcat

160893/103	160407/106	162603/110	160926/112
161161/113	161134/114	160391/120	

VF-14 »Tophatters« – F-14A Tomcat

160687/200	159863/201	162689/203	160411/207
160908/210	158615/212	160396/213	162688/214
159848/215	158617/216		

VFA-15 »Valions« – F/A-18C Hornet

164627/300	164629/301	164643/302	164646/303
164655/304	164680/311	164631/312	164678/314

VFA-87 »Golden Warriors« – F/A-18C Hornet

164675/401	164647/402	164663/403	164657/405
164644/406	164668/407	164630/412	164628/414

VAW-124 »Bear Aces« – E-2C Hawkeye

163026/600	161099/601	162799/602

HS-3 »Trident« – SH-60F/HH-60H Seahawk

SH-60F

164450/610	164451/611	164454/612	164455/613
164099/617			

HH-60H

165115/614	165116/615

VAQ-141 »Shadowhawks« – EA-6B Prowler

163526/621	163049/622	163530/623

VS-24 »Scouts« – S-3B Viking

158873/700	158866/701	160142/702	159741/704
159744/706	160153/707		

Eines der meist eingesetzten Fluzeuge im US-Militärarsenal der 90er Jahre ist die EA-6B *Prowler*, und es scheint eher, daß sie noch mehr strapaziert wird, im Gegensatz zur bis zum Ende des Jahrtausends weiter abnehmenden Flottenstärke. Als Hinweis auf die schwindende Zahl verbleibender Flugstunden innerhalb der Flotte mag gelten, daß keine der drei EA-6B der VAQ-141 an Bord der *JFK* am Überflug von Dublin und Cork teilnahm. Diese Maschine »Desperado 623« (BuNo 163530) weist nur ein weißes Mobil-FlaRak-Radar und AGM-88 HARM-Symbol an der linken Bugseite unter der Modex-Bordnummer auf als Beleg des Einsatzerfolgs bei der Operation *Dead-Eye Southeast* zur Lähmung der integrierten Bosnisch-Serbischen Luftabwehrpotentials im August/September 1995 im Zuge der Operation *Deliberate Force*. VAQ-141-Missionen in diesem Konflikt waren auf den Träger USS *Theodore Roosevelt* (mit dem CVW-8-Rest) und die Aviano AFB (Air Force Base) in Italien verteilt.

Die beziehungsreiche Bugbemalung der »Desperado 621« (BuNo 163526) zeigt zwei AGM-88 Symbole, ein Mobil-FlaRak-Radar (links unten) zu Füßen des »Colt-bewehrten Nachtfalken« – dem Wappenzeichen der VAQ-141. Das »E« (für Exellent) auf der rechten Schulter steht als Anerkennung für gute Dauerleistungen im Frontdienst, auf dem linken Arm das »EW«-Symbol (für Electronic Warfare) zeigt die Einsatzaufgabe Elektronische Kampfführung, das Koppelschloß die VAQ-Staffelnummer »141«. Wie die BuNo 163530 flog auch die »621« bei der Operation »Deliberate Force« von Bord der USS *Theodore Roosevelt*.

Ein einzelner roter Blitzzacken ragte aus dem vereinfachten Staffelzeichen der VS-24 S-3B *Viking* heraus, einige andere Maschinen trugen auf den äußeren Zusatztanks den Schriftzug »Scout Fuel«. Die Traditionsgeschichte der »Scouts« geht auf die Bomberstaffel 17 (aufgestellt am 1.1.1943) zurück. Seit April 1950 zur U-Boot-Bekämpfung eingesetzt erreichten sie mit 12 Jahren einen seltenen unfallfreien Flugsicherheitsrekord, ehe sie 1993 Seeüberwachungsstaffel wurden, aber ihre traditionelle ASW-Bezeichnung behielten. Die »Scout 706« (BuNo 159744) kehrte nach längerer Überholung in der NARF (Naval Air Rework Facility) erst kurz vor dem Unternehmen zur VS-24 zurück und weist daher im Vergleich mit anderen S-3B der »Scouts« noch einen fast werftneuen Anstrich auf. Während des letzten Unternehmens der 6. Flotte im Jahr 1995 war sie besonders oft bei der Operation »Deliberate Force« zur bewaffneten Landaufklärung, EloKa-Unterstützung und zu Luftbetankungen eingesetzt. Als erste setzte eine S-3B im Laufe nur eines Fronteinsatzes vier TALD (Tactical Air Launched Decoy)-Täuschschleppkörper bei einer Unterstützungsmission für F/A-18C und EA-6B Angriffe auf serbische Radar- und FlaRak-Ziele in Ost-Bosnien ein.

Rechts:
Die einzige E-2C *Hawkeye* an Bord der *JFK* beim Besuch in Portsmouth war die schon 16 Jahre alte Group 0-Maschine »601« (BuNo 161099) und wie ihr Schwesterflugzeug »602« (BuNo 162799) für die Hafenbesuchsdauer nach Yeovilton abgeordnet. Bis kurz vor der Kommandierung zur VAW-124 beim *NorLant 96*-Unternehmen flog sie bei der VAW-123 »Screwtops«, deren typische Spirale auf dem Randtron AN/APN-71 Antennen-Rotordom hier grob übermalt wurde.

Gegenüberliegende Seite:
Nebeneinander im Schatten des Inselturmaufbaus des CV 67 stehen die »Troubleshooter 612« (BuNo 164454) und »613« (BuNo 164455) der HSL-3 »Tridents« mit platzsparend gefalteten Hauptrotoren. Beide stammen aus der Sikorsky SH-60F-Fertigung 1992 und sind hier gleichartig mit den »Dreizack«-markierten Zusatztanks ausgerüstet. Als erste Staffel der US-Atlantikflotte mit neuen »CV Seahawks« anstelle betagter SH-3H *Seakings* wechselte sie im August 1991 vom CVW-17 zum CVW-8. Die »Tridents«-Staffel war die einzige des CVW-8 in voller Stärke mit fünf SH-60F und zwei HH-60H auf dem Träger *Big John* bei der *NorLant '96*.

613
NAVY
HS-3
USS JOHN F. KENNEDY
13
CVW-8
USS JOHN F. KENNEDY
JET INTAKE
DANGER
RESCUE
12

CVW-2 Einsatzvorbereitung

Zeit: Oktober 1996
Ort: im Pazifik
Träger: USS *Constellation* (CV 64)

Das Bild verdeutlicht die grundlegende Änderung der Bemalung und Markierung der USN-Flugzeuge während der F-14-Einsatzzeit. Die »Bullets 101« (BuNo 159630) und »115« (BuNo 159600) sind während der Operation SoCal OpArea (Einsatzraum Südkalifornien) im Oktober 1996 nebeneinander hinter der CV 64-Insel abgestellt. Die 18. und letzte bei Northrop Grumman umgebaute F-14D (R) »Bullet 101« kam Ende 1995 mit einem neuen $90000 (DM 160000) Anstrich anläßlich des 25. Jahrestags des F-14A-Erstflugs am 21.12.1970 zur VF-2, die die Tomcat länger als andere Fronteinheiten flog und deshalb das Jubiläumsflugzeug erhielt. Diese Bemalung entsprach exakt den ersten F-14A der »Bounty Hunters« auf der Marinestation NAS Miramar im Juli 1973, dazu kamen zwei Logos vom 25.Jahrestag auf den Leitwerkinnenseiten. Die Nachforschung zu diesem Sonderanstrich übernahm der VF-2-Wartungsoffizier (und RIO – Radar Intercept Officer), LtCdr Tom 'Tumor' Twomey. Der einzige von der 1973-Ausführung abweichende Punkt des Neuanstrichs waren die früher glänzend weiß gestrichenen Flügelspoiler. Beide F-14A *Tomcats* wurden Ende 1975 gemeinsam von der USN in Dienst gestellt.

Die Vorbereitungen eines Bordgeschwaders auf ein *WestPac-* oder *NorLant-*Unternehmen dauern beinahe zwei Jahre. Die Träger-Ausbildung des CVW-2 für *WestPac '97* begann wenige Wochen nach Ende der *WestPac '95* (siehe Kapitel 1) und Rückkehr des Geschwaders nach Kalifornien Anfang Mai 1995.

Während der sechs Monate auf See mit durchgehendem Decksbetrieb über täglich 16 Stunden an sieben Wochentagen gab es für die fliegenden Besatzungen ebenso wie für das Deckspersonal kaum eine Ruhepause, sie arbeiteten stets mit Höchstleistung für die Auftragsvorbereitung und erfolgreiche Durchführung sowie die notwendigen Sicherheitsmaßnahmen »rund ums Schiff«. Ständig wurden sie dabei durch das unter dem Achterdeck tätige technische Personal tatkräftig unterstützt, das sich trotz widrigsten Umfeldes immer bemühte, die hochtechnisierten Kampfflugzeuge in optimaler Einsatzbereitschaft flugklar zu halten. Der Erfolg ihrer Arbeit schlug sich in den 100 % bis zum Monatsende geflogener Einsätze nieder.

Das Aufrechterhalten solcher Professionalität auch bei Aufteilung des Bordgeschwaders in mehrere Staffelkomponenten nach Rückkehr des Trägers in den Heimathafen erfordert den vollen Einsatz aller Beteiligten, auch dann, wenn übliche einschneidende Personalwechsel bei Rückkehr der Staffeln zu ihren Heimatbasen große Probleme machten. Die Hälfte der Staffel-Besatzungen einer Unternehmung wechselt dann zu anderen Einheiten, um ihre Einsatzerfahrungen an »Schüler-Crews« in der Vorbereitungsausbildung für künftige Hochseeoperationen weiterzugeben. An ihre Stelle in den Frontverbänden an Bord tritt dann eine neue, meist aus JO's (Junior Officer) und wenigen erfahrenen Veteranen bestehende Mannschaft. Letztere kehren nach geraumer Dienstzeit in Ausbildungsstaffeln und/oder »Desk Flying« in Stäben und Verwaltungsbüros in die Frontstaffeln zurück. Auch der Staffelchef verläßt seine Einheit bald nach Ende der Übersee-Unternehmung. Dafür übernimmt meist der Einsatzoffizier (»XO« – Exercise Officer) des letzten Turns die Staffel und leitet das für die nächste *WestPac-* oder *NorLant-*Reise erforderliche harte Training.

Für neu zur Staffel kommende junge Piloten führt der Weg zum Erlangen des vollen Einsatzstatus (FCR – Full Combat Readiness) über umfangreiche, von erfahrenen Fluglehrern der Marineflieger erarbeitete Vorschriften für die verschiedenen Einsatzmuster. Häufig eingeschobene, speziell auf die Staffelaufgaben zugeschnittene Einsätze ergeben schließlich »das fertige Produkt«. Individuelle Konzessionen gibt es dabei grundsätzlich nicht. Dafür ist die Marinefliegerei auf Trägern zu kostspielig und anspruchsvoll. Ein Beispiel im CVW-2 lieferte dafür die Staffel VMFA-323 des US Marine Corps, üblicherweise eine landgestützte Einheit für leichte Strike-Aufgaben, mit Unterstützung durch die Begleitstaffeln VFA-137 und VFA-151 mit ihren F/A-18C, die sich auch für CAS (Close Air Support) Missionen zu qualifizieren hatte.

Obwohl zwischen den halbjährigen Übersee-Unternehmungen der Flotte überwiegend landgestützt eingesetzt, übten Teile des Bordgeschwaders im Rahmen der Einsatzvorbereitungen weiterhin zusammen mit oder gegen die Hochsee-Kräfte. Das CVW-2, eingeteilt zur Unterstützung der Kampfgruppe USS *Carl Vinson* (CVN 70), absolvierte dabei höchst anspruchsvolle und

Mit gleichen Markierungen wie die BuNo 159630, jedoch in dunkler getöntem TPS-Grau (Tactical Paint Scheme Camouflage), war die »Bullet 100« (BuNo 163895) bemalt, das üblicherweise bei allen Tomcat-Einheiten für das CAG (Commander Air Group)-Flugzeug reserviert ist. Wie in Kapitel 1 beschrieben trägt eine Maschine im September 1995 die rot-weiß-blauen »Langley«-Streifen, die fast authentisch im 1973-Anstrich für die Kommandowechselfeier in Miramar wieder hergestellt wurden, bei der der derzeitige CO, Cdr Lawrence S. Rice, seinen Vorgänger, Cdr L. Scott Lamoreaux, ablöste, der leider am 18.2.1996 tödlich verunglückte. Seine F-14D der VF-11 war während eines simulierten Anti-Schiff-Raketenangriffs als Teil der USS *Carl Vinson* (CVN 70) CompTuEx (Competitive Training Unit)-Übung nach einem verheerenden Triebwerksbrand über dem Pazifik vor Kalifornien buchstäblich explodiert. Er wurde noch zurückbeordert, sofort aus seinem 900 m hohen vorgeplanten Übungspattern heraus direkt an Bord zu landen, er ließ auch noch Kraftstoff ab, um das erforderliche Landegewicht zu erreichen, wobei er von der »106« bis nahe an die Steuerbordseite des Trägers geführt wurde.

ausgedehnte Übungen, wie die CompTuEx/ITA (Competitive Training Unit Exercise/Intermediate Training Assessment) und JTFE (Joint Task Force Exercise), d. h. als ausgewählter, erfahrener Ausbildungsverband die Interims-Fortgeschrittenenausbildung und Übung der Gemeinsamen Einsatzgruppe mit abschließender Leistungsbeurteilung. Die erste verlängerte Periode der CVW-2/CV 64 auf See folgte mit einem Kurzeinsatz vor der kanadischen Westküste, bei der sich junge Piloten im CVW-2 qualifizieren mußten. Wieder an Land, nahmen einzelne Einheiten an etlichen Übungen CVW-2 unabhängig teil. Beispielsweise war die VFA-15 drei Wochen lang auf dem Internationalen Flughafen Tucson zur Luftkampf-Ausbildung mit F-16 des 162nd FW (Fighter Wing) der Arizona ANG (Air National Guard). Unmittelbar zuvor hatte die Staffel ihre jährliche Leistungsprüfung mit konventionellen Waffen erfolgreich bestanden und hakte damit eine weitere Aufgabe auf dem Weg zur vollen Einsatzfähigkeit für *WestPac '97* ab.

Inzwischen hatte sich die VF-2 auf der Marinebasis NAS Miramar durch den hochbegehrten Gewinn des angesehenen (und letzten) Westküsten-Jäger-Derbys ausgezeichnet, eines jährlichen Wettbewerbs, bei dem alle Tomcat-Frontstaffeln zur Ermittlung der besten Einheit in der Flotten-Luftverteidigungsrolle gegeneinander kämpften. Sie gewann auch die »Recce Rally« für die mit TARPS (Tactical Airborne Reconnaissance AWX-Pod System — Taktisches Luftaufklärungs-Allwetter-Behältersystem) ausgerüsteten Staffeln und den Phoenix Missile (AIM-54C)-Preis.

Im Sommer 1996 während der Reorganisation der Marine verlegte die Staffel wegen weiter schrumpfenden Jägerbestandes auf die Marinefliegerbasis NAS Oceana in Virginia. Kurz nach Eintreffen an der Ostküste, konnte sich die VF-2 durch ihren Erfolg beim Angriffswettbewerb im Mittelatlantik

Mit genügend abgelassenem JP-5 Turbinentreibstoff donnerte die »Bullet 100« zu einer Dreiseil-Landung über das Trägerdeck. Sauber integriert in den Rumpfboden zwischen den beiden 280 USG (1000 Liter) Zusatztanks unter den Lufteinläufen ist ein 1750 lb (795 kg) schwerer TARPS-Behälter erkennbar. Diese gewichtige Außenlast an der Waffenstation No 5 machte die Landung einer damit beladenen F-14 einigermaßen kritisch. Man benutzte einen geänderten Kraftstoff-Zusatztank zum Einbau zweier KS-87B-Einzelbildkameras in der Behälternase, einer KA-99/KA-93 Panorama- oder KS-153A-Einzelbildkamera, eines AN/AAD-5 Infrarot-Aufklärungs-Set und AN/ASQ-172-Datendarstellungssystems. Seit Flotteneinführung 1981 hat sich TARPS außerordentlich gut bewährt. Daher wurde aus der anfänglichen Notlösung bis zur geplanten Verfügbarkeit der RF-18A inzwischen längst eine weiter verbesserte Dauereinrichtung. Fast 70 F-14A Tomcats wurden zur TARPS-Ausrüstung vorgesehen, so daß jederzeit drei Maschinen einer Frontstaffel damit verfügbar waren. Durch die Aussonderung vieler Tomcats in den letzten fünf Jahren hat sich der Anteil der F-14A »Vanilla«-Maschinen mit TARPS-Aufklärungsbehältern ständig erhöht. Alle F-14D (neu und nachgerüstet) können TARPS mitführen.

Nach dem Einsatz nehmen die VF-2-Bildbehälterwarte den TARPS-Pod sorgfältig ab, ehe die »Bullet 100« für den nächsten Bombeneinsatz umgerüstet wird. Jahrelang war nur eine Handvoll erfahrener Bildwarte in einer *Tomcat*-Staffel für die Handhabung dieses Behälters zugelassen, weil er sich nachteilig auf die Landeeigenschaften der Maschine auswirkt. Inzwischen sind alle Staffeln verpflichtet, ihre eigenen TARPS-Mechaniker selbst und nicht mehr in der RAG (Replacement Air Group) an Land auszubilden. Auch das gesamte fliegende Personal der VF-2 wurde intensiv in der Kunst der Luftaufklärung ausgebildet. Trotz dieser Aufgabenerweiterung auf die gesamte Staffel bleibt die F-14D in ihrem Landeverhalten kritisch. Vor allem an windstillen Tagen muß über dem Deck eine Mindestwindgeschwindigkeit vorhanden sein, um das schwere Flugzeug sicher zu landen. Es muß »lang und flach« aufgesetzt werden, damit der Pod beim Einfedern des Fahrwerks bei zu harter Landung nicht auf das Stahldeck aufschlägt. Konventionelle Träger haben zuweilen erhebliche Probleme, die an windarmen Tagen notwendigen 30 Knoten (55,5 km/h) Fahrt zu erreichen, wenn dies schon den atomgetriebenen genug Mühe macht.

gegen harte Konkurrenz von fünf anderen *Tomcat*-, zehn F/A-18C- und USMC AV-8B *Harrier II*-Staffeln in der neuen Jabo-Rolle bewähren.

Die S-3B der VS-38 waren in dieser Zeit bei vielfältigen ASW (Anti-Submarine Warfare)-Übungen mit australischen, kanadischen und chilenischen und USN-Marineeinheiten ständig im Einsatz. Dabei wurden einzelnen Flugzeuge in der Vorbereitungsphase für anspruchsvolle Übungen gegen chilenische Torpedoschnellboote zeitweise auf kanadischen und chilenischen Militär- und Marineflieger-Basen stationiert. Die wirkliche Mehrzweckeignung und -fähigkeit der VS-38 bestätigte sich auch während der Kommandierung von 24 Besatzungsmitgliedern zur Zielwurf-Qualifizierung mit 500, 1000 und 2000 Pfund (227, 454, und 908 kg) Mk 80 Freifall- und Snakeyegebremsten Bomben im Übungsgebiet der Marinefliegerbasis El Centro in Kalifornien.

Nach zahlreichen Vorbereitungseinsätzen außerhalb des Geschwaderverbands während der Sommermonate vereinigten sich die CVW-2-Staffeln im Laufe August/September zu einer Angriffsübung auf der Marinefliegerbasis NAS Fallon in Nevada, wo die spezifischen Geschwader-Taktiken und -verfahren erst formuliert, dann praktisch erprobt wurden. Nach erfolgreichem Abschluß dieser im Frieden für alle Streitkräfte der Welt zugänglichen, äußerst realistisch angelegten Kampfeinsatz-Übungen, kehrte das CVW-2 Mitte Oktober zu dreiwöchigem Training in der SoCal OpsArea (Southern California Operations Area) vor der kalifornischen Südküste auf den Träger zurück. In dieser Zeit wurde der Fortschritt deutlich, nach dem die neun Bordstaffeln schließlich sehr streng beurteilt wurden.

Typische *WestPac*-Missionen auf verschiedenen Bombenwurfplätzen, gegen Unter- und Überwasserstreitkräfte und Luftbedrohungen waren zu absolvieren. Lt Curt Seth, F-14D-Pilot der VF-2, erläuterte dies so:

Wir müssen jede Menge Checks und Prüfungen ablegen, damit das Bordgeschwader, der Träger und die gesamte Kampfgruppe im exakten Zusammenspiel vielfältiger Operationen wirklich reibungslos zusammen-

Das modernisierte »Auge« der F-14D wird vor der täglichen Einsatzfolge nochmals einer Sichtkontrolle unterzogen. Das AN/APG-71 Bordradar ist eine digitalisierte Variante des bewährten AN/AWG-9, dem wohl leistungsfähigsten westlichen Abfang-Bordradar im Truppeneinsatz überhaupt. Außer der Digitalisierung wurde das Radar mit einem doppelten AYK-14 Multi-Bus-Prozessor zur Leistungssteigerung der gesamten Mehrzweck-Bordavionik gekoppelt. Trotz der deutlichen Überlegenheit des APG-71 gegenüber seinen Vorläufern ist es nicht uneingeschränkt für Präzisions-Bombenangriffe auf Bodenziele geeignet, wie der vorherige A-6E Intruder-Pilot Lt Curt Seth erklärte: Dank ihrer Ausrüstung mit FLIR (Forward-Looking Infra Red), TRAM (Target Recognition Attack Multisystem) und AN/APQ-156 Luft/Boden-Radar war die A-6E ein ausgezeichneter Bombenwerfer, aber aufgrund der älteren noch aus der Vietnam-Ära stammenden übrigen Bordsysteme in seiner Mehrzweckeignung eingeschränkt. Andererseits verfügt meine F-14D über neueste Avionik- und Flugführungssysteme, ist aber eingeschränkt durch den fehlenden Luft/Boden-Modus des APG-71. Bald werden wir aber unsere Fähigkeit zum Einsatz von Präzisions-Lenkbomben (PGM – Precision-Guided Munition) wesentlich verbessert haben.

Ein »Huffer« (Traktor mit Anlaßaggregat) zieht die »Bullet 114« (BuNo 159628) nach der Landung über die Fangseile hinweg zum Trägerheck des CV 64. Der Fahrer hat eine Trillerpfeife im Mund, um seinen Weg kreuzende Techniker zu warnen. Diese Maschine ist eine der sechs zur Vorbereitungsphase im Oktober an Bord gekommenen F-14D(R).

arbeiten. Alle müssen in dieser Vorbereitungszeit von Grund auf lernen, im Team zu denken und zu arbeiten, denn davon hängt der Erfolg der Unternehmung ab, die uns als *WestPac* bevorsteht.

Neben dieser Vorbereitungstour, die zeigt, daß wir unsere operationellen Aufgaben erfüllen können, haben wir unsere Fähigkeit zur reibungslosen Zusammenarbeit an Bord zu beweisen. Dazu gehört, daß genügend einsatzfähige Flugzeuge für den Rund-um-die-Uhr-Einsatz verfügbar sind und alle Besatzungen ihre volle Einsatzbereitschaft nach- und beweisen. Besonders hohe Anforderungen werden dabei an das Wartungs- und Instandsetzungspersonal gestellt, das stets den notwendigen Flugzeug-Klarstand bereitstellen muß. Aus gutem Grund ist diese Herausforderung während der Vorbereitungsphase noch größer als bei der *WestPac*-Unternehmung selbst. Manchmal kann es zu Differenzen zwischen der Technik- und Einsatzführung der Staffel kommen, wenn Maschinen aus dem Hangar an Deck zu bringen sind, wenn die Techniker vielleicht noch länger daran hätten arbeiten wollen. Hier täglich neue ausgleichende und effektive Lösungen zu suchen und zu finden, ist ebenso wichtig für den täglichen Einsatzverlauf wie die potentielle Luftbedrohung, wenn eine CAP (Combat Air Patrol)-Mission weit entfernt vom Träger notwendig ist.

Für den früheren A-6E »Driver« (»Fahrer« = Slang-Ausdruck für Pilot) Lt Seth, der nun an der dritten WestPac-Unternehmung innerhalb von fünf Jahren teilnahm, brachte dieser Vorbereitungsturn kaum noch Überraschungen. Für den »Nugget« (»Neuling« oder »Frischling«), d. h. jungen Leutnant (jg) Hal 'Bull' Schmitt von der VFA-137, war es der erste Eindruck vom Leben »am letzten spitzen Ende des Knüppels«, d. h. unausweichlich absoluter Höchstleistung. Für dieses Unternehmen war er gerade mal viereinhalb Monate in der »Kestrel«-Staffel, dennoch empfand er die weit höheren Belastungen als persönliche Herausforderung:

USN-Strahlflugzeuge sehen seltener derart »gescheckt« aus wie die »Bullet 112« (BuNo 159619), die mit rückgepfeilten Flächen zum Bugkatapult No 1 rollt. Diese Maschine erlebte während dieser SoCal-Übung beim CVW-2 ihren Geburtstag. Die hellgrauen Ausbesserungsflecken weisen auf Reparaturen auf der Marinefliegerbasis NAS Oceana als auch auf Instandsetzungsarbeiten in den Unterdeck-Hangars an Bord hin. Das Übermalen der vielen Scharniere an den ständig benutzten Klappen und Wartungsblechen ist zur Vermeidung von Korrosionsschäden an Zelle und Außenhaut durch die aggressive, salzhaltige Seeluft notwendig.

Sich vorsichtig und aufmerksam unter den wuchtigen Bug der »Bullet 106« (BuNo 163897) duckend signalisiert der für das sichere Einklinken des Katapultschlittens in die Bugradhalterung verantworliche Wart (grüne Weste) dem *Schießer* (Katapultstarter), zur Startbereitschaft die Zugspannung des Katapultschlittens auf den vorgeschriebenen Einstellwert zu erhöhen. Aus ihrer nur wenig höheren Position beobachten Pilot und RIO (Radar Intercept Officer) im hinteren Sitz den »Flugzeugdirektor« (Flugzeug-Startoffizier) vor ihnen und den links am Decksrand stehenden Katapultoffizier.

Diese Fliegerei ist viel mehr als ich erwartete, doch der Papierkrieg zwischen den täglichen Einsätzen zur Aufrechterhaltung des Staffelbetriebs ist sicherlich das größere Übel. Neben meiner Hauptfunktion als *Hornet*-Pilot muß ich über die ganze *WestPac*-Dauer auch drei »Innendienst« (Verwaltungs-)Aufgaben als »Papier-Tiger« wahrnehmen. In der mit 18–20 Besatzungen besetzten Staffel sind wir zehn Junior-Piloten und gewöhnen uns recht schnell an das Leben auf See. Schließlich haben wir seit Eintritt in die Marine vor dreieinhalb Jahren darauf hingearbeitet. Im Laufe unserer harten Ausbildung wurden wir zu Top-Piloten, um den Anforderungen dauernder Flugdeckeinsätze in einem Bordgeschwader gerecht zu werden. Die Vorbereitung auf die bevorstehende Einschiffung nimmt soviel Zeit in Anspruch, daß die ganze »Verwaltungsarbeit« an Land manchmal vergessen wird, an Bord aber wird einem schnell wieder bewußt, wie nervtötend aber unausweichlich der Papierkram sein kann, wenigstens am Anfang.

Erst im Cockpit vergißt man den »Bleistift« und konzentriert sich ausschließlich auf das jetzt Notwendige. Der Unterschied für mich zwischen diesem besonderen Kommando und meiner Zeit vorher bei der *Hornet* FRS (Fleet Replacement Squadron)-Flottenergänzungsstaffel auf See ist, daß die Decks-»Marschälle« einen »rund ums Boot« im Griff behalten, sowohl vor und nach dem Flugeinsatz. Sie erwarten, daß man genau weiß, was jeder auf dem »Dach«, auch ohne Kindermädchen, zu tun hat. In der Ergänzungsstaffel wurde man noch langsam und schrittweise durch alle Vorschriften und Aufgaben geführt, hier aber, wenn das Bordgeschwader auf dem Träger voll im Golf-Einsatz ist, bleibt keine Zeit mehr, darauf aufzupassen, daß die »Neulinge« ihre Füße finden, um allein darauf zu stehen.

Der sicherheitsverantwortliche »Troubleshooter« (Störungssucher) der VF-2 bückt sich unter den heißen Abgasstrahl aus den Schubdüsen der bombenbeladenen F-14D auf dem Bugkatapult No 3. Die Maschine muß auf der 300 Fuß (91 m) langen Katapultstrecke binnen zwei Sekunden 150 Knoten (278 km/h) Abhebegeschwindigkeit erreichen, sobald der »Schütze« den Katapultstartknopf gedrückt hat. Nur die F-14D ist wegen stärkerer Triebwerksleistung ihrer General Electric F110-GE-400 in der Lage, bei voller Beladung mit Kampfleistung, aber ohne Nachbrenner, zu starten. Die F-14A hingegen benötigt den »Zone 3«-Nachbrennerschub zum Decksstart.

Aus persönlicher Sicht sind meine eigenen Ziele für dieses Unternehmen ganz einfach – es kommt allein darauf an, vom Deck gut in die Luft zu kommen und nach Auftragserfüllung wieder ebenso sicher auf ihm zu landen. Bislang habe ich erst etwa 30 Deckseinsätze hinter mir. Daher setze ich alles daran, meine Erfahrungen im Trägerflugbetrieb während der Bordzeit zu optimieren. Sobald ich mit meiner Leistung zufrieden bin, kann ich mit weiteren, noch anspruchsvolleren Einsatzaufgaben beginnen. Meine letzte Tätigkeit galt fast ausschließlich unserem letzten Strike-Kommando auf der Basis NAS Fallon, bei dem es bis zur Einschiffung an Bord um die offensiven Fähigkeiten unserer Maschinen ging. Nun verlangt die Träger-Fliegerei beide Aufgaben, die ich zu erfüllen mir vorgenommen habe. Es ist ein Prozeß, der sich bei den übrigen acht Staffeln des Bordgeschwaders wiederholt.

Zum Glück für mich haben wir hier an Bord bei der VFA-137 viele Oberleutnante mit genügend Erfahrung aus der letzten *WestPac*-Unternehmung. Sie sind allen dienstlichen Problemen der »Jungen« gegenüber sehr aufgeschlossen. Sie werden das Schiff aber alle vor der nächsten Frühjahrsunternehmung verlassen. Dann müssen die »JO's« professionell genug sein und die entstandene Lücke auffüllen können.

Für »Erstlinge« an Bord wie Hal Schmitt war der Lohn für das Erreichen der persönlichen Zielsetzung die Bestätigung des erfolgreichen Einsatzabschlusses auf See. Er hatte kaum Zeit, das Vorankommen seiner Pilotenkameraden zu verfolgen, die die gleichen Aufgaben zu erfüllen hatten oder welchen Beitrag die Staffel zur Gesamtwirksamkeit des Bordgeschwaders leistete. Trotzdem wogen für einen Bordpiloten spätere Möglichkeiten und Erwartungen vielfach schwerer als die Summe eigener Leistung nach 1000 Trägerstarts oder 2500 Flugstunden auf einem einzelnen schnellen Kampfflugzeugtyp, wenn er schließlich für 230 und mehr (jüngere und ältere) Männer in einer Staffel, aber auch dem Kommandeur der Bordgruppe selbst für deren Leistung und Effektivität verantwortlich ist. Das ist natürlich der Staffelkapitän.

Chef der VFA-151 war Cdr Dave 'Deke' Philman, ein Veteran mit drei *WestPac*-Einsätzen auf der LTV A-7E Corsair II und einem als XO (Einsatzoffizier) beim derzeitigen Kommando mit der F/A-18C. Seine Ansichten über die »kleine« Oktober/November 1996-Reise an Bord der CV 64 waren recht aufschlußreich :

Diese Unternehmung ist für das Bordgeschwader de facto die zweite Periode auf See und dient der Vorbereitung auf die nächste *WestPac*-Operation. Um ihre Bedeutung im Vergleich zu unserer bevorstehenden 1997-Tour

»Bullet 102« (BuNo 164602) steigt nach Verlassen des Katapults mit der Kraft der GE-Triebwerke seitlich weg, wenn der Pilot den Knüppel an den Bauch nimmt und bei Erreichen der Geschwindigkeitsspanne von 225–280 Knoten (416–518 km/h) Klappen und Fahrwerk einfährt. Deutlich ist der volle Ausschlag des Höhenleitwerks erkennbar.

Rechts:
Pilot und RIO (Radar Intercept Officer) warten geduldig an Deck, bis Ihr Vogel »Bullet 100« vom Flugzeuglift No 4 aus dem Hangar an Deck gebracht wird. Beide haben noch mit vielen Reißverschlüssen und Knöpfen an ihrem Flugdienst- und Druckanzug, Gurtzeugen und Rettungsausrüstung zu tun und ihren oft individell bemalten Fliegerschutzhelm anzulegen. Dazu nochmals Lt Seth: Die VF-2 besteht aus 17 fliegenden Zweimann-Besatzungen, die für die vier- bis sechsmonatige Operationsdauer zusammenbleiben, einander genau kennenlernen und sich mit des anderen Eigenheiten im Einsatz vertraut machen müssen. Dieses Zusammenwachsen der Besatzungen erleichtert die Durchführung der Einsatzbriefings (Vorflugbesprechungen), man kann sich so auf die eigentlichen Einsatzkriterien konzentrieren. »Neulinge« werden ermutigt, sich mit »alten Hasen« zusammenzutun und so die Fülle der Erfahrungen auf die ganze Staffel zu verteilen.

Oben:
Connie's Inselturm spiegelt sich in seinem Helmvisier, während der RIO vor dem Einstieg ins Flugzeug seinen Vorflug-Check an Deck durchführt. Die Video-Kassette in seiner Hand wird das Cockpit-Bild der unter dem Radarbug angeordneten Northrop TCS TV-Kamera als konventionellem VCR (Voice Cockpit Recorder) nach Aktivierung im Flug speichern. Dadurch stehen unschätzbare Informationen über den Flug- und Kampfverlauf für das Debriefing (Nachflugbesprechung) oder nach einem Unglücksfall zur Ermittlung der Unfallursache zur Verfügung. Lt Curt Seth meinte dazu: Das Einsatztraining wird für alle *Tomcat*-Besatzungen immer härter, weil sie sich für viele Einsatzarten als Jäger, Jabo, Aufklärer oder gar als FAC-A (Forward Air Controller, Air-to-Air, d. h. Zieleinweiser), für Luft-Luft oder Bombereinsätze, Nachtangriffe mit NVG (Night Vision Goggles)-Nachtsichtbrillen und LANTIRN (Low-Level Air Navigation & Targeting IR Night)-Tiefangriffe bei Nacht mit IR-Zielgerät und alle damit verbundenen Rollenanforderungen an die Staffel fit machen müssen. Dafür sollten wir natürlich auch mehr und öfter fliegen, um den ständig wachsenden Gesamtaufgaben des Bordgeschwaders gerecht werden zu können. Da es aber aus Kostengründen keine zusätzlichen Flugstunden mehr gibt, muß bei allen Flügen möglichst das gesamte vorerwähnte Mehrzweckeinsatz-Spektrum sehr konzentriert geübt werden.

zu verdeutlichen, muß ich auf das letzte Unternehmen im Mai 1995 zurückgreifen. Als wir nach sechs Monaten Abwesenheit wieder in Lemoore waren, wurden wir durch eine Gruppe sehr erfahrener Piloten und Techniker verstärkt. Die ständige Rotation dieser Kameraden, die nach dem Seeturn in den Landdienst gehen, ist ganz entscheidend, um ihre Erfahrungen an neue Seeleute und Flieger beim Einstieg in das komplizierte System des Trägerdienstes weiterzugeben. Der Weggang dieser Persönlichkeiten kommt wirklich dem Ende eines langen Weges gleich. Sie haben es dann mit vielen völlig neuen Leuten zu tun, und der ganze Vorbereitungs- und Ausbildungs-Kreislauf beginnt von vorn.

Einer der wichtigsten Schritte in diesem Prozeß ist der zweiwöchige SFARP (Strike-Fighter Advanced Readiness Programm)-Lehrgang auf Staffelebene auf der Marinefliegerbasis NAS Fallon. Hier lernt man, die Grundlagen des Verhaltens in einem Kampfumfeld real anzuwenden. Dann folgt eine kürzere Einweisungsperiode auf See zur Träger-Einsatzqualifizierung bei Tag- und Nachtoperationen. Nach einer Weile an Land und anschließender harter Hochsee-Einsatzrotation geht das Bordgeschwader zu einem dreiwöchigen Strike-Kommando wieder nach Fallon zurück. Hier können alle Staffeln das unabhängig voneinander Gelernte umsetzen und in die allumfassenden Geschwadertaktiken für einen Ernstfall integrieren.

Dadurch kommen wir dahin, wo wir derzeit stehen – an den Beginn unseren zweiten langen Seeturns. An Bord beginnt sodann ein CompTuEx (Competitve Training Unit Exercise – Ausbildungswettbewerb der Ausbildungstaffeln), bestehend aus einer Reihe kleinerer Übungen zur Vorbereitung des kommenden Großunternehmens. Alle diese Manöver sind exakt auf die zu erwartenden Anforderungen zugeschnitten und dienen nicht nur den fliegenden und technischen Staffelangehörigen, sondern gleichermaßen den Schiffsbesatzungen des CV 64. Dazu gehören vor allem die erstmals als Taxi Direktor (verantwortlich für Flugzeugbewegungen an Deck), Katapultoffizier, Flugverkehrslotse (verantwortlich für die Luftraumkontrolle und Start- und Landebewegungen) tätigen Soldaten, um nur drei der wichtigen Bordfunktioner innerhalb der zahlreichen Besatzung zu nennen.

Das Bordgeschwader CVW-2 besteht am Ende der 90er Jahre überwiegend aus F/A-18C und gilt als Musterverband für die Typenstruktur der Trägerfliegerei im 21. Jahrhundert. Daher überraschten die 36 neuen *Hornets* aus dem Baulos XV an Bord des CV 64 beim Auslaufen kaum. Angekettet auf dem Vorschiff zwischen Katapult No 2 und 3 stellen diese vier neuen Jets einen Wert von rund $160 Millionen (DM 288 Mio, ohne Bewaffnung und Außenlasten) dar. Die drei eingeschifften leichten Angriffs-Bordstaffeln wetteifern ständig um die höchste Einsatz-Professionalitä, Leistungsfähigkeit und das beste gesamtfliegerische Können »rund-um-das-Boot«. Doch wie Lt Hal 'Bull' Schmitt von der VFA-137 meinte: Jeder ist sich des obersten Zieles eines Bordgeschwaders bewußt: Trotz des harten aber gesunden Wettbewerbs untereinander, weiß jeder, daß es die Kameraden der »konkurrierenden« Schwesterstaffel sein können, die ihm in einem scharfen Einsatz das Leben retten, wenn die einen Bomben werfen, und die anderen ihnen dabei sicheren Jagdschutz bieten – und umgekehrt. Jeder von uns weiß, daß wir alle auf derselben Seite stehen – und handelt danach.

Im Vergleich mit ihrem einstrahligen Vorläufer LTV A-7 *Corsair II* ist die Handhabung der *Hornet* beim Landeanflug auf den Träger ein »Traum«. Ihre schnell ansprechenden F404-GE-402 EPE (Enhanced Performance Engine)-Triebwerke erlauben dem Piloten, sich von möglichen gefährlichen »Wasserlöchern« frei zu machen, in die man beim Endanflug auf das Trägerdeck rasch fallen kann. Durch die Kraft fast augenblicklich reagierenden Schubs in Verbindung mit erheblich größerer tragender Fläche (große Vorflügel, Landeklappen und Querruder) und die dadurch gegebenen exzellenten Landeeigenschaften machen die *Hornet* zum sichersten je bei der Marine auf See geflogenen Flugzeug. »Snake 212« (BuNo 164734) im Endanflug auf das Trägerdeck für eine gute »OK Three«-Landung.

Die ITA (Intermediate Training Assessment), d. h. Fortgeschrittenen-Eignungs-Zwischenbewertung, wird von der (AIRPAC) US-Pazifik-Luftwaffe aus jedem nur möglichen Blickwinkel kontrolliert. Aus Sicht der Staffel liegt ihr Erfolg in der Überprüfung unter realen Hochsee-Operationsbedingungen ohne Ausweichplätze an Land. ITA-Einsätze schließen auch Simulations-Alpha-Angriffe auf Inlandziele in Südkalifornien mit AWACS-, EW- und Jagdschutz-Unterstützung ein. S-3B und SH-60F Komponenten des Bordgeschwaders können dabei ihre Fähigkeiten gegen Über- und Unterwasser-Bedrohungen beweisen.

Nach ITA-Abschluß werden wiederum an Land weitere Übungswochen zur Verfeinerung spezieller Einsatzaufgaben in Verfolg der Prüfungsergebnisse genutzt, ehe es kurz nach Jahresbeginn wieder an Bord des Trägers zur ATA (Advanced Training Assessment)-Abschlußprüfung geht. Dieser Trainingsabschnitt besteht aus je 10- und 14-tägigen Seeturns mit der Graduierung der Piloten, die mit einem Gesamt-Check durch AIRPAC mit der endgültigen See-Einsatz-Qualifikation gekrönt wird.

Als dieses Buch geschrieben wurde, hatten Cdr Philman, Lt Seth, Lt (jg) Schmitt und das gesamte Personal der CV 64-Kampfgruppe schon im täglichen Einsatz zu beweisen, was sie vor der kalifornischen Küste und über der Wüste Nevadas für den evtl. gefährlichen Einsatz im Krisengebiet des Persischen Golfs gelernt und geübt hatten.

Der »B-B Stacker« (Waffenwart) der VMFA-323 macht eine Verschnaufpause bei der Armierung der blau gekennzeichneten, durch Spreizleitwerk fallgebremsten Mk. 82R (R – Retarded)-Bombe am rechten äußeren *Hornet*-Flügelpylon. Die Stahlstangen an der Bomben erleichtern die manuelle Anbringung an den Lastträgern. Diese Mk. 82R-Bomben wurden bei CVW-2-Übungen über Übungsplätzen während der See-Vorbereitungsphase abgeworfen.

»Snake 212« wird nach dem Bombenwurf-Einsatz neben dem Flugzeuglift No 1 sorgfältig ohne Traktor von Hand geparkt. Sofort sind Waffenwarte, Decksleute, (Bremsklotz- und Ketten-)Feststeller samt Bordfeuerwehr zur Stelle. Nun sicher an Deck angekettet, beginnen die VMFA-323-Techniker, die Maschine im Turn-Around neu zu betanken, zu beladen und für die nächsten Einsatzperiode flugklar zu machen, die gewöhnlich 75 Minuten nach Ende der vorherigen Landephase beginnt. Cdr Dave 'Deke' Philman, Chef der VFA-151, sagte dazu: Der rasche Turnaround der F/A-18C wird durch die eingebauten modernen Systemtechnologien sehr beschleunigt. Mit früheren A-7-Maschinen mußten wir bei Avionik-Problemen, Hydraulik-Lecks usw. oft auf kürzestem Wege zum Träger zurückkehren. Sie mußten vor der nächsten Startperiode erst repariert werden. Dies zwang oft zu weit längeren Periodenintervallen bis zu eindreiviertel Stunden. *Hornets* und neuere *Tomcats* müssen meist nur aufgetankt und neu munitoniert werden, wodurch sich die Periodenzyklen sogar auf dreißig Minuten verkürzen lassen. Die Schnelligkeit des F/A-18-Turn-Arounds zeigt sich am bestens daran, daß der neue Pilot beim Rundgang um die Maschine bei der Vorflugkontrolle nicht alle Oberflächen anfassen kann, weil sie vom vorherigen Einsatz noch zu heiß sind.

Eingeschiffte Flugzeuge

VF-2 »Bounty Hunters« – F-14D Tomcat

163895/100	159630/101	164602/102	164350/103
161163/104	164603/105	163897/106	163903/107
163898/110	159613/111	159619/112	159628/114
159600/115			

VMFA-323 »Death Rattlers« – F/A-18C Hornet

164721/200	164722/201	164725/203	164727/204
164875/205	164730/206	164731/207	164733/211
164734/212	164696/214		

VFA-151 »Vigilantes« – F/A-18C Hornet

164703/300	164739/301	164897/302	164700/303
164708/304	164710/305	164713/306	164716/307
164719/310	164737/311	164740/312	164896/313

VFA-137 »Kestrels« – F/A-18C Hornet

164712/400	164698/401	164701/402	164704/403
164709/404	164693/405	164715/406	164718/407
164720/410	164707/411	164736/412	164895/413

VAW-116 »Sun Kings« – E-2C Group II Hawkeye

164112/600	164484/601	164487/602	164488/603

HS-2 »Golden Falcons« – SH-60F/HH-60H Seahawk

SH-60F

164447/610	164456/611	164088/612	163288/615
164084/616			

HH-60H

165118/613	165117/614

VAQ-131 »Lancers« – EA-6B Prowler

163525/620	164402/621	163524/622	164401/623

VS-38 »Red Griffins« – S-3B Viking

160573/700	160596/701	160572/702	160126/703
160567/704	159409/705	160124/706	159731/707

VQ-5 »Sea Shadows« »Det Charlie« – ES-3A Viking

159420/721

Fünf F/A-18C warten, mit leerlaufenden Triebwerken und mit einer Mk 83 LDGB (Low-Drag General Purpose Bomb) am rechten äußeren Flügelpylon beladen, in Reihe Vier auf die nächste Startperiode. Sie sind auch mit Übungs-AIM-9L(Acq) an den Flügeltips ausgerüstet, um vor und nach dem Bombenabwurf auf ein Inselziel vor der kalifornischen Küste auch ACM (Air Combat Maneuver)-Luftkampfmanöver zu üben. In dieser CompTuEx-Phase mit dem ganzen Bordgeschwader waren auch gemeinsame Zweitziele eingeplant. Neulinge unter den CVW-2-Piloten machten zunächst nur einfache Zielanflüge, um sich mit der Lage und Topography der Abwurfplätze und simulierten FlaRak- und EW-Bedrohungen vertraut zu machen. Sobald sie die Insel-Geografie kannten, ließ man sie »von der Leine«, d. h. allein und – wie auf dem Bild – mit Bomben beladen fliegen. Bei einem typischen Übungsablauf starteten jeweils sechs F/A-18C (2 von jeder Staffel), zwei F-14D und je eine einzelne E-2C, EA-6B und S-3B als integriertes »Angriffspaket«, das sowohl offensive als auch defensive Einsatzprofile im Laufe einer Mission durchführte.

Oben:
Der Pilot der »Switch 303« (BuNo 164700) rollt vorsichtig, vom »Flugzeug-Deckchef« vor ihm stehend dirigiert, zum Katapult No 1. Neben den Füßen des Einweisers (gelbe Weste) ist der noch vom vorhergehenden Start rücklaufende Katapultschlitten sichtbar. Während die »Einhak-Männer« noch an der Rückhaltevorrichtung arbeiten, überprüfen zwei »Troubleshooter« (Störungssucher) der VFA-151 mit ihren andersfarbigen »Flotten-Westen« die Maschine vor dem Start rasch nochmal genau von vorn nach hinten. Ihre Sichtkontrolle muß beendet sein, wenn die Einklink-Crew signalisiert, daß die F/A-18C mit dem Katapultschlitten verbunden ist.

»Switch 312« (BuNo 164740) ist genau in der richtigen Landeposition für einen »OK Three«-Eintrag im Logbuch des Landeoffiziers der VFA-151. Das robuste Fahrwerk wird vom McDonnell Douglas Unterauftragnehmer Cleveland Pneumatic hergestellt und ist für eine Landung mit Höchstsinkgeschwindigkeit von 24 ft/s (7 m/s) ausgelegt, ein Wert, der nur unter ganz extrem schlechten See- und Wetterbedingungen erreichbar ist. Wie die beiden anderen F/A-18C-Staffeln des CVW-2 fliegen auch die »Vigilantes« einheitlich Maschinen des Bauloses XV, was der CO (Commanding Officer)-Staffelchef natürlich ganz besonders schätzte: Wir hatten sie rund dreieinhalb Jahre lang, für mich war es das erste Mal in meiner Dienstzeit, daß ich solch neue Maschinen flog. Vor allem unsere Techniker wissen genau, wie und durch wen die Maschinen zu warten sind. So können auch die Piloten ganz unbesorgt sein, daß sie keine Maschine aus der »Zitronenkiste« (Wartungshangar) fliegen, die nicht in exzellentem Zustand ist.

Links:
Beim Durchstarten bilden sich Wirbelstreifen oder durch die Beschleunigungskräfte auch mal Kraftstoffschleppen an den Flügelenden der »Switch 302«, die zum Go-Around in ein neues 800 Fuß (240 m) hohes Anflugverfahren beschleunigt. Durchstarten wird z. B. erforderlich, wenn die zuvor gelandete Maschine in den Fangseilen hängen bleibt, nicht rasch genug aus der Landebahn gezogen wird oder die Seile zu langsam in die korrekte Fangposition an Deck zurückgehen. Bei normaler Landesequenz an Bord von 45 Sekunden oder wenn eine Maschine nach dem Einsatz knapp an Treibstoff ist, müssen (LSO) Landesignaloffizier und die Fangseilmannschaft besonders flott Hand in Hand arbeiten, damit nicht zuviele Maschinen einer Periode durchstarten müssen.

303
NE
USS CONSTEL
303
403

Es kann auf dem Träger-Vorschiff ziemlich laut werden, wenn die gelandeten Maschinen wegrollen, um die Landebahn für die restlichen der Periode freizumachen. Gleichzeitig warten die Flugzeuge der nächsten Periode mit leerlaufenden Triebwerken darauf, für den Katapultstart »losgebunden« zu werden. Den umstehenden »Ordnern« und Einweisern signalisiert der Pilot der »Switch 303« mit der rechten erhobenen Hand, daß er sie nicht am Waffenschalter hat und sie sicher sind. Sobald »Sicherheit« hergestellt ist, stürzt das Waffenteam (rote Westen) an die Maschine, um alle kritischen Auslöse- und Abwurfstellen an Laststationen und Sidewinder-Startschienen durch Sicherungsplinte mit langen rot-weißen Warnwimpeln zu sichern. Gegenüber anderen *Hornet*-Staffeln der gegenwärtigen »leichten Strike-Familie« hat die VFA-151 mehr einen Jäger- als Jabo-Hintergrund, da sie vorher F-3B *Demon* und F-4 *Phantom II* flog, u. a. zuletzt mit der F-4 der »Vigilantes« sieben Kampfeinsatz-Perioden in Vietnam. Dabei schossen sie eine MiG-17 ab. Mit dem CVW-5 1973 auf dem Marinefliegerstützpunkt Atsugi in Japan vorgeschoben stationiert, wurde die Staffel 1986 im Zuge der Umrüstung von F-4S auf F/A-18 in VFA-151 umbenannt. Nach Rückkehr 1991 auf den amerikanischen Kontinent (CONUS) wurde ihre jahrelange »Heimat«, der Träger USS *Midway* (CV-41), außer Dienst gestellt. Mit der Umrüstung auf F/A-18C des Bauloses XV 1993 gehörte die Staffel dann zum CVW-2.

Nach dem Bombenwurf auf den Insel-Übungsplatz und Landung an Deck hängt die »Falcon 101« (BuNo 164698) noch mit Vollgas im Fangseil, bis die Maschine ganz zum Stehen kommt. Gut sichtbar sind die breiten, voll ausgefahrenen Landeklappen samt Querruder und Höhenleitwerk und die als zusätzliche Bremshilfe dienenden einwärts ausgeschlagenen Seitenruder. Die letzte der vier zuvor mit F/A-18A *Hornets* ausgerüsteten Staffeln der »leichten Strike-Familie« der Flotte an der Ostküste war die am 1.7.1985 auf der Marinefliegerbasis NAS Cecil Field, Florida, aufgestellte VFA-137. Nach Teilnahme an mehreren Atlantik-Unternehmen mit dem CVW-13 an Bord des Trägers USS *Coral Sea* (CV 43) wurden die »Kestrels« nach dessen Außerdienststellung 1989 dem CVW-6 an Bord USS *Forrestal* (CV 59) zugeteilt. Das gleiche Schicksal teilte auch dieser Träger bereits zwei Jahre später. Zusammen mit der Auflösung dieses Bordgeschwaders verlegte die VFA-137 zur Westküste und kam 1993 zum reorganisierten CVW-2.

Oben:
Fast kann man beim Start der »Falcon 401« mit 150 Knoten (278 km/h) vom Seitenkatapult No 4 in die Nachbrenner schauen. Lt Hal 'Bull' Schmitt von der VFA-137 dazu: Ob man mit oder ohne Nachbrenner starten muß, hängt vom Startgewicht ab. Bei manchen Konfigurationen wird er schon vor dem Katapultstart eingeschaltet, bei anderen erst mit der Katapultbeschleunigung. Dampfkatapulte auf atomgetriebenen Schiffen bewirken eine stetig zunehmende Beschleunigung während des Starts, auf konventionellen Trägern wie diesem erfolgt die Katapultbeschleunigung schlagartig mit einem Knall – einem wirklich guten Schuß!

Gegenüberliegende Seite:
Die aus dem Cockpit dieser EA-6B herausragende Luftbetankungssonde, auch »Schnorchel« genannt, ist etwas nach rechts versetzt, damit der Pilot vor allem beim Landeanflug völlig freie Sicht hat. In der kleinen Verdickung am unteren Ende des Schnorchels befindet sich der Empfänger der AN/ALQ-126 DECM (Deceptive Electronic Counter-Measures)-Stör-Anlage. Ein zweiter Empfänger für die Heck-Hemisphäre ist im »Fußball« der Seitenleitwerksspitze untergebracht.

Ein dunkel getöntes Helmvisier ist beim Rollen gegen die Sonne an Deck mit vielen Menschen sehr hilfreich. Der Pilot der »Skybolt 623« rollt ans Heck des CV 64. Die AN/ALQ-99F TJS (Tactical Jamming System)-Stör-Behälter (Pods) an den Flügelpylons zusammen mit der AGM-88 HARM-Bewaffnung erlauben der Vier-Mann-Besatzung sowohl »weiche« als auch »harte« Ziele zu bekämpfen. Mit den beiden TJS-Störsendern können alle bekannten Sende-Frequenzbänder bis zur Unkenntlichkeit gestört werden. Der kleine Propeller im Behälterkopf erzeugt in der Luft den erforderlichen Betriebsstrom. Die TJS-Pods decken die speziell eingestellten Frequenzen ab und können nach dem Trägerstart im Fluge nicht geändert werden. Deshalb fliegen Prowler meist mit drei Störbehältern, die zur Abdeckung verschiedener Frequenzband-Bereiche dienen.

Die Vorflugkontrolle eines elektronisch so komplex ausgerüsteten Flugzeugs wie die EA-6B erfordert ungewöhnlich viel Zeit, daher beteiligen sich auch alle vier Besatzungsmitglieder gleichermaßen daran. Nach den Checks an Deck verstauen Pilot, Beobachter und ECMO's (Electronic Counter-Measures Officer) zunächst ihre persönliche Ausrüstung, ehe sie ins Cockpit der »Skybolt 623« (BuNo 164401) steigen. Diese Maschine ist die 168. von 170 bei Grumman 1992 für die Marine gebauten EA-6B. Wie die übrigen drei Flugzeuge der VAQ-131 wurde sie voll auf den Block 89-Standard nachgerüstet und ist so sicherlich das modernste EW-Flugzeug der Welt. Ähnlich wie der vorherige Block 86 ausgerüstet, verfügt sie zusätzlich über eine Halon-Feuerlöschanlage und neueste SSA-4.0-Software für die ALQ-99-Avionik, die der Hauptoffensiv-Bewaffnung AGM-88 HARM einen gesteigerten Wirkungsgrad verleiht. Das verbesserte TEAMS (Tactical EA-6B Mission Support System) dient der Erhöhung der Einsatzwirksamkeit. Danach sichert die VAQ-131 Angriffsprofile über größere Reichweiten, noch ehe andere Komponenten des CVW-2 in der Luft sind.

Mit dem AN/ALQ-126 für die achtere Hemisphäre in der im Bordjargon »Bierdose« genannten Verkleidung auf dem Seitenleitwerk, rollt »Skybolt 622« (BuNo 163524) nach achtern zum Start auf dem Seitenkatapult No 4. Als Block 86 gebaut und von Grumman Ende 1989 direkt an die VAQ-131 geliefert, flog sie als »Skybolt 625« im Golf-Krieg (Operation *Desert Storm*) auf der inzwischen »pensionierten« USS *Ranger* mit der Battle Force (Kampfgruppe) Zulu, wobei CV 61 in diesem Konflikt als »Nacht-Träger« für Einsätze bei Dunkelheit diente.

Der vorn stehende »Flugzeug-Direktor« signalisiert der Besatzung der »Skybolt 622« mit erhobenen Armen den Entfaltungsvorgang der Tragflächen, deren vorschriftsmäßiges Einrasten in Flugstellung sofort durch die »Sicherheitsleute« der Staffel überprüft und durch Zeichen bestätigend an den »Flugzeug-Direktor« gemeldet wird, der dann die Arme herunternimmt und kundtut, daß das Flugzeug klar zum Katapultstart ist. Diese Maschine hat offenbar einen Austausch-Radom von einem unbekannten Spender auf der Heimatbasis NAS Whidbey Island, Washington, vor dem Einsatz auf der *Conny* erhalten.

Drei ECMO's warten auf das Zeichen zum Einsteigen ins Cockpit ihrer auf dem Achterdeck des CV 64 stehenden Maschine. Während der CompTuEx-Phase operierten fast alle CVW-2-Staffeln während des ganzen Tages in »heißen« Turn-Arounds mit denselben Flugzeugen (bei der VAQ-131 zwei Prowler), sofern keine technischen Beanstandungen auftraten. Die eben zurückgekehrte Maschine wurde dabei sofort gewartet, aufgetankt und für die nächste Flugperiode durchgecheckt, während die andere noch im Einsatz war. Dieser Nonstop-Missionsablauf entsprach schon der späteren *WestPac*-Operation, bei der alle Besatzungen täglich meist zwei Einsatzflüge durchführten.

Unten:
Nach dem Übungseinsatz kaum »gesichert und verankert« wird die »Skybolt 623« bereits wieder für den nächsten Start in knapp einer Stunde aufgetankt, während die Besatzung zu einer Entspannungspause aus dem 10 Fuß (gut 3 m) über dem Deck liegenden Cockpit steigt. Der heckmontierte, hier geöffnete Avionikbehälter (»Vogelkäfig« oder USN-offiziell: »Extensible Equipment Platform« genannt) wird von Staffeltechnikern mit neuen LOX (Liquid Oxygen)-Sauerstoff-Flaschen gefüllt, die für die Kühlung der kaum überschaubaren Fülle elektronischer Einbauten unentbehrlich sind. Ferner sind darin Batteriekästen und Aggregate für verschiedene EW-Bordsysteme wie das AN/ALQ-41 (Signal-Verfolgungsgerät), ARC-105 Bordradio-Transceiver, die AN/APN-153 Doppler-Navigations- und Kreiselanlage untergebracht.

Trotz ihrer AEW (Airborne Early Warning)-Rolle, die sie eigentlich weit ab von neugierigen Augen des Gegners halten sollte, behielten *Hawkeye*-Staffeln ihre traditionell bunte Bemalung und auffälligen Markierungen bis in die 90er Jahre. Eigener Jagdschutz durch *Tomcats* und *Hornets* würde ja die meisten Gegner abschrecken. Die E-2C der VAW-116 waren selbst für eine EW-Staffel besonders farbenfroh markiert. Ihr Staffelchef bestand auf dem Austausch des traditionellen Wappens (Berstende Sonne mit Axt, siehe Kapitel 1, Seite 26). Das handgemalte Ergebnis eines staffelinternen Ideen-Wettbewerbs von 1996 sieht man auf allen vier E-2C, wenngleich mit kleineren Abweichungen.

Die komplexe Flügelfalt-Mechanik einer E-2C der VAW-116 wird zwischen zwei Einsätzen vom Hydraulikwart überprüft. Dieses freiliegende Faltsystem ist Segen und Schreckgespenst zugleich für die Techniker, da seine Konstruktion leichten Wartungszugang zu Hydraulikleitungen und -zylindern und Verschraubungen zum Falten des Außenflügels ermöglicht, gleichzeitig aber keinen Korrosionsschutz für empfindliche, dem salzigen Seewind an Deck ausgesetzte Bauteile bietet.

Die E-2C *Hawkeye* ist das größte und teuerste Flugzeug jeden Bordgeschwaders. Deshalb gilt ihm besondere Aufmerksamkeit und Vorsicht beim Versetzen an Deck zwischen den Einsätzen. Die E-2C startet in jeder Einsatzperiode als erste und hat deshalb ihren traditionellen Deckparkplatz neben der Insel, von wo aus sie die Bugkatapulte am schnellsten erreicht.

Die meisten Wartunsgarbeiten können auf dem Hangardeck außerhalb des regen Deckbetriebs ausgeführt werden. Zum Wechsel einer Hamilton Standard-Luftschraube konstanter Drehzahl mit Reversion wird jedoch ein spezielles, zur Benutzung an anderen Stellen zu hohes Hebezeug benötigt. Die millimetergenaue Ausrichtung des Propellers zum Getriebekasten erfordert höchste Präzision, was vor allem bei einem im Seegang bei über 20 Knoten (37 km/h) Fahrt hin und her schwankenden und rutschigen Schiffsdeck äußerste Vorsicht verlangt.

NE
163524
NAVY
414
RESCUE
603
DANGER
PROP AREA

Oben:
Kondenswirbel zeigen sich an den Propellerspitzen beim Start der »Sun King 603«, die nach dem Katapultstart nach rechts weg steigt. Die Zweimann-Cockpit-Besatzung ist dabei physisch stark beansprucht, der Pilot fliegt das Flugzeug manuell, der Co-Pilot fährt das Fahrwerk und die weitspannenden Fowler-Landeklappen- und Querruder ein.

Die Landung der *Hawkeye* auf dem schmalen Trägerheck stellt wegen der hohen Präzessionskräfte der großen Propeller besondere Anforderungen an den Piloten. Obwohl Propellerturbinen schneller auf Leistungsänderungen reagieren als Strahlturbinen, können bestimmte Gashebelstellungen das E-2C-Flugverhalten um die vertikale und horizontale Achse negativ beeinflussen. Solcher Ausbrech-Tendenz muß der Pilot sofort begegnen, um gefährliche Folgen für das mit 80,7 Fuß (24,45 m) Spannweite größte aller Bordflugzeuge zu vermeiden, d. h. er hat bei der Landung lediglich 10 Fuß (3 m) seitlichen Hindernisabstand zu den Inselaufbauten. Positiv wirkt sich dagegen die gegenüber den erheblich schnelleren Bordjets niedrige Landegeschwindigkeit der E-2C aus. Die Crew landet mit angezeigten 100 Knoten (185 km/h) Geschwindigkeit, davon trägt der gegen den Wind laufende Träger rund 30 Knoten (55 km/h) bei, so daß die effektive Landegeschwindigkeit der »603« bei nur 70 Knoten (129 km/h) liegt.

Der Katapult-»Einklinker« überprüft mit der Taschenlampe das ordnungsgemäße Einrasten der Katapultschlittenkupplung am Bugradfahrwerk der »Sun King 603« (BuNo 164488). Die Gefahr für die Decksleute, von den starken Turbinen in den Lufteinlauf gesogen zu werden, ist allen bekannt. Doch die großen Propeller der E-2C sind nicht minder respekteinflößend. Unterhalb des kleinen schwarzen Bugradoms sind die Frontsichtsensoren des AN/ALR-73 PDS (Passive Defense System) erkennbar, die feindliche elektromagnetische Strahler in doppelter Entfernung der Radar-Reichweite entdecken. Weitere solche Antennen sind am Flugzeugheck und an den äußeren Seitenleitwerken angeordnet.

Beim Anblick der »über alles schlicht grau« getarnten ES-3A vor dem Inselaufbau glaubt man kaum, daß US-Marineflugzeuge jahrzehntelang die am farbenprächtigsten bemalten Kampfflugzeuge der Welt waren. Von oben ist der »schultermontierte« ALD-9 Niedrig-Bandphasen-Peilerdom unter den gefalteten Tragflächen der VQ-5 »Det Charlie« (Detachment – Kommando C) Maschinen gut zu erkennen.

»Shadow 721« (BuNo 159420) war während der Vorbereitungsoperation im Oktober/November die einzige ES-3A an Bord der *Connie*. Der geringe Restbestand an diesen Maschinen ließ die normale Frontstärke von zwei Flugzeugen des »Det C« hier nicht mehr zu. Nur 16 ES-3A wurden Anfang der 90er Jahre von Lockheed umgebaut. Als einzige ES-3A-Überwachungsstaffel der Westküste erhielt die VQ-5 1995 den begehrten »Arleigh Burke«-Pokal als Dank für ihren hohen Einsatzbereitschaftsstand bei der Pazifikflotte.

Kurz vor dem Start vom Bugkatapult No 1 streckt die Besatzung der »Griffin 701« (BuNo 160596) die vorher gefalteten Außenflügel aus. Das Flugzeug ist nach dem S-3-Doppelrollen-Standard ausgerüstet, der seit der Aussonderung der KA-6D aus einem Aero ID 300 USG (1135 Liter)-Kraftstofftank am linken Flügelpylon und einem Douglas D-704 Buddy-Buddy (Luft-Luft)-Betankungsbehälter mit ausfahrbarem Tankschnorchel an der rechten Laststation besteht. 1996 war diese Maschine die jüngste der acht S-3B bei der VS-38, die 175. von insgesamt 187 von Lockheed gebauten *Vikings* und 1977 an die US Navy ausgeliefert worden.

Der Katapult-Offizier setzt den lila bemalten Stahlbolzen in den abnehmbaren Rückhaltehebel ein, der hinten am *Viking*-Bugrad einklinkt, sobald der Katapultschlitten einrastet. Diese Vorrichtung hält das Flugzeug, bis der uhrglasförmige Stahlbolzen (Ersatzbolzen liegen neben den Füßen des Mannes) bricht, sobald Katapultdruck und Triebwerkschub die für glatten Start vorjustierte Belastungsgrenze übersteigen. Jeder Bolzen ist farblich besonders gekennzeichnet, er wird auf Präzisionsdrehbänken eigens für die spezifischen Parameter der Bordflugzeug-Typen hergestellt. Für die F/A-18 und F-14 werden anstelle dieser zerbrechenden Einwegbolzen wiederverwendbare hydraulische Haltevorrichtungen benutzt.

Die General Electric TF-34-GE-400 Turbofan-Triebwerke der zweistrahligen *Viking* wurden speziell für dieses Lockheed ASW-Flugzeug entwickelt. Sie sind auf hohe Marschgeschwindigkeit der S-3 zum schnellen Erreichen ihres Einsatzgebiets optimiert, verbrauchen aber im Sparflug relativ wenig Treibstoff während ihrer unerreicht langen Stehzeit im Operationsgebiet. Aufgrund ihrer niedrigen Stall (Strömungsabriß)-Geschwindigkeit eignen sich diese Triebwerke der *Viking* besonders zum Flugbetrieb an Bord eines Trägers. Bemerkenswert ist die offene Belüftungsklappe des APU-(Auxiliary Power Unit)-Hilfsantriebs unter dem Sichtfenster des SENSO (Sensor Operator/Officer) der »Griffin 705« (BuNo 159409), der ältesten, schon Mitte 1974 an die US Navy gelieferten S-3B der VS-38.

Der VS-38-Staffelchef in seiner S-3B (BuNo 160573) mußte durchstarten und beschleunigt im Steigflug zum erneuten Landeanflug aus dem üblichen Träger-Pattern. Landehaken, Fahrwerk und Landeklappen sind ausgefahren. Das Hauptfahrwerk (eine verstärkte Variante des F-8 *Crusader* Fahrwerks), Tragflächen, Heck und Triebwerksgondeln der S-3 wurden von Vought als Subunternehmer Lockheeds konstruiert und gebaut. Diese recht betagte *Viking* »Griffin 700« nahm mit der Staffel schon am *WestPac* '95 teil.

Obwohl hauptsächlich für die U-Bootabwehr rundum die Trägerkampfgruppe CV 64 verantwortlich, führte die Bordhubschrauberstaffel HS-2 ebenso CSAR (Combat SAR – Search & Rescue) und logistische Zubringer- und Versorgungsflüge mit ihren HH-60H *Seahawk* durch. Das Bild zeigt eine »An-Deck-Versorgung«. Die »Golden Falcons« setzten die beiden Hubschrauber »Hunters 613« und »614« (BuNo 165118 und 165117) auch für stundenlange Versorgungsflüge ein. Hier werden Nachschubgüter vom Öltanker/Versorger der *Henry J. Kaiser*-Klasse USNS *Rappahannock* (T-AO-204) übernommen. Dieses Schiff war an der UNREP (Underway Replenishment) der *Connie* während der Versorgungsphase zur Auffüllung der Bordvorräte beteiligt und stellte Paletten mit Kraftstoff, Öl, JP-5-Turbinentreibstoff, Verpflegung, Ersatzteilen und Post bereit, die die Hubschrauber als Sling-Last vom Rendez-Vous mit dem Tanker an Bord brachten.

Oben:
Der Rettungs- und Lademeister der Hubschrauberbesatzung beobachtet aufmerksam das Trägerdeck, während der Pilot die Maschine über der abgesetzten Palette langsam hochzieht. Beide Besatzungsmitglieder stehen über die Bordsprechanlage während des Fluges in ständiger Verbindung. Unter dem Lademeister in der offenen Tür ist das Lastgeschirr (Sling) im Rumpfboden mit dem leeren Strop-Haken vor dem Zusatztank in der Morgensonne gut sichtbar. Der HH-60H kann am Sling-Haken Lasten bis 8000 lb (3655 kg) tragen.

Auf Hinweis des Lademeisters öffnet der Pilot den Lasthaken am Sling, sobald die Palette sicher an Deck steht. Kaum hat der Hubschrauber wieder abgehoben, übernehmen Gabelstapler die Paletten und machen die Absetzstelle für die nächste Versorgungs-Palette frei. Die gummierten Strops zur Befestigung der Außenlast am Sling-Haken werden nach der Deckanlieferung vom leeren HH-60H gebündelt aufgenommen und zum Versorger zurückgebracht.

Die beiden HH-60H an Bord des CV 64 waren die neuesten Luftfahrzeuge des CVW-2 und erst Ende 1995 direkt aus dem Sikorsky-Werk zur HS-2 gekommen. Demgegenüber stammte der CH-46D *SeaKnight* als meist geflogener VertRep (Vertical Replenishment)-Hubschrauber der USN noch aus der Vor-Vietnam-Ära. Mit dem Hubschrauber-Ersatzbeschaffungsplan forderte die US-Marine 134 neue Sikorsky CH-60 Mehrzweckhelikopter (einer Variante des UH-60L *Blackhawk* der US Army) als Nachfolger älterer CH-46D, HH-60H und H-3. Dieser »neue« Hubschrauber sollte Faltheck und automatisches Flugsteuersystem der *Seahawk*-Marineversion mit dem »handelsüblichen« Rumpf und der Mechanik der Standard-UH-60 kombinieren, um erhebliche Entwicklungskosten für die USN einzusparen. Der Plan sah ferner die Nachrüstung und Modernisierung aller 273 *Seahawks* in den Frontverbänden auf den SH-60R-Mehrzweckstandard vor, um von unterschiedlichen ASW- und Mehrzweck-Einrollenversionen in den Trägerstaffeln wegzukommen.

Oben:
Trotz äußerer Ähnlichkeit mit dem Gewinner der Sikorsky UTTAS (Utility Tactical Transport Aircraft System)-Ausschreibung S-70/UH-60 *BlackHawk* unterscheidet sich die HH-60H durch signifikante Änderungen für den spezifischen See-Einsatz. Er verlangt robustere Getriebe- und Transmissions-Systeme, elektrische Hauptrotor-Brems- und Falteinrichtung, Zwillingsräder anstelle des einfachen UH-60-Spornrades, vereinfachtes Hauptfahrwerk mit Mehrscheibenbremsen, verstärkten Korrosionsschutz, Einbau des RAST (Recovery Assist, Secure & Traverse)-Landesystems, größere Innenbetankung samt HIFRS (Hover-In-Flight Refuelling System), AFCS (Automatic Flight Control System), Einbau einer kleineren rechten Tür anstelle der linken Schiebetür, Einbau der ASW-(Anti-Submarine Warfare)-Ausrüstung, Sensoren-Station, 25 Sonobuoy-Ausstoßrohre (optional), Rettungswinde, verbessertes Umweltkontrollsystem, Notschwimmerausrüstung und Faltheck. Diese HH-60H wird nach einem Dreistunden-Überwachungsflug gerade zu ihrem Abstellplatz an Deck gerollt.

Rechts:
Start der COD (Carrier On-Board Delivery)! Während der normalen Bordeinsatzperiode wird eine C-2 stets als erste katapultiert. Beim *WestPac* mußte die VRC-30 zur Versorgung des in Übersee operierenden Trägers lange und weit fliegen. Oft waren mehrere Zwischenlandungen auf Landstützpunkten wie San Diego, auf Diego Garcia, in Bahrein oder Perth notwendig, um Post, dringend benötigte Ersatzteile und Austauschpersonal direkt aus den USA, mit Transportern der USAF und USN an Bord der CV/CVN-Flugzeugträger zu bringen.

Links:
Die regelmäßg auf CV/CVN-Trägerdecks landende Grumman C-2 wirkt gegenüber den schnellen Jets etwas unförmig-behäbig. Stets aber wird ihr Anflug auf den Träger von den 5000 Mann der Besatzung sehnsüchtig erwartet. Warum? Ihr geräumiger Laderaum ist meist prall gefüllt mit Postsäcken und Briefen aus der Heimat. Diesmal bringt die *Greyhound* der VRC-30 vom Marineflieger-stützpunkt NAS North Island jedoch keine Post an Bord, sondern VIP's (Very Important Person), auch »Big Wheels« genannt. Mit dem gleichweit über 80,7 Fuß (24,45 m) spannenden Flügel des schlankeren Northrop Grumman AEW-Schwestertyps muß die C-2 beim Landeanflug auf das Trägerdeck genau auf der Mittellinie des Gleitpfads bleiben.

Oben:
Zahlreiche Markierungen, Wartungs- und Warnhinweise (»Graffittis«) bedecken die Flugzeugoberfläche, vor allem im unteren Teil. 39 Passagiere oder 28000 lb (12700 kg) Frachtpaletten kann die C-2 mit knapp 310 Knoten (575 km/h) befördern. Die auf der NAS North Island stationierte VRC-30 verfügt als COD-Staffel an der Westküste über 15 Maschinen.

Mit fast 30 Knoten (55,5 km/h) Höchstgeschwindigkeit gegen den Wind laufend erleichtert der CV 64 der von achtern anschwebenden EA-6B die Landung. Derweil wird die zuvor gelandete, noch vor der Insel stehende F-14D von Waffenwarten umringt, die alle Außenlasten überprüfen und sichern. Die 80000 Tonnen große USS *Constellation* wird von acht General Electric-Hoch- und Niederdruck-Dampfturbinen angetrieben, die zusammen rund 280000 Wellen-PS entwickeln, die zum Erreichen möglichst geringer Start- und Landegeschwindigkeiten der Bordflugzeuge notwendig sind. Während der SLEP (Service Life Extension Programm)-Werftüberholung wurden die Hochdruckturbinen komplett ausgetauscht, die Niederdruckturbinen gründlich überholt.

USS CONSTELLATION
1797
1961
CV-64

Doppelseiten 90/91 und 92/93 :
Das Bild aus einem HH-60H Bereitschaftshubschrauber der HS-2 zeigt die USS *Constellation* (CV 64) in einer Flugbetriebspause vor der südkalifornischen Küste. Aufgrund des vorherigen SLEP-Programms wird die *Connie* der letzte zur Relegation in die Reserve vorgesehene konventionelle Träger der USN – voraussichtlich im Jahre 2008 – sein. Der aufgerichtete Mast im Umlaufgang (»Katzengang«) am Steuerbordbug hinter den geparkten F/A-18 wird »Kennedy«- oder »Belknap-Pfahl« genannt. Er wurde nach dem schrecklichen Nachtzusammenstoß beider Schiffe im November 1975 im Mittelmeer auf dem CV 64 (und allen anderen USN-Trägern) eingebaut, um nahebei fahrenden Unterstützungsschiffen die Bestimmung des Trägerkurses bei Nacht durch zusätzliche Positionsleuchten zu erleichtern. Die Hauptpositionslampen des Trägers sind auf dem Hauptmasttop der Insel installiert. Die genaue Fahrtrichtung des Trägers wird durch Vergleich der Relativpositionen beider Navigationslichter ermittelt. Zusätzlich sind auf dem vorderen Pfahlmasttop Anzeigen der Windrichtung und -geschwindigkeit angebracht.

64

Westlant 90

Datum: Mai 1990
Ort: Im Mittelatlantik
Träger: HMS *Ark Royal* (RO 7)

Nach Landung der Bordflugzeuge und Sicherung des Flugdecks nimmt die völlig »durchnäßte« HMS *Ark Royal* (Königliche Arche) Kurs auf Nordamerika. Die zuletzt gelandete BAe *SeaHarrier* FRS.1 der 801. FAA (Fleet Air Arm)-Staffel wird zum Parkplatz auf dem achteren Flugdeck geschleppt. Das Achterdeck gehört in den meisten Marinen von jeher traditionell den »Jägern«, die Royal Navy (RN) macht dabei keine Ausnahme. Zum Schleppen des 20000 lb (9080 kg) schweren VTOL (Vertical Take-Off and Landing)-Jägers dient ein 5-Tonnen-Decktraktor in einer dem Routemaster-Bus ähnlichen Ausführung. Sein niedrig untersetzter Dieselmotor bietet auch auf naß-schlüpfrigen Decks ausreichend große Traktionsleistung.

Vor ihrer ersten längeren Teilnahme an der Operation *Deny Flight* im östlichen Mittelmeer während des Bürgerkriegs im früheren Jugoslawien schickte die RN turnusmäßig ihre Trägerkampfgruppe zu intensiven gemeinsamen 2–3monatigen Übungen mit der USN, USAF und kanadischen Streitkräften über den Atlantik, den sogenannten *WestLant* (West-Atlantik)-Manövern.

Über Neujahr 1990 war der RN-Träger HMS *Invincible* (»Der Unbesiegbare«, RO 5) an *WestLant '89* beteiligt und kehrte Mitte Februar in britische Gewässer zurück. Zwei Monate später verließ das Schwesterschiff HMS *Ark Royal* (RO 7) Portsmouth und nahm mit seinen Bordstaffeln zu mehrwöchigen Manövern mit NATO-Marinen Kurs auf das wärmere Mittelmeer. Diese Vorbereitungsübungen zielten auf die bevorstehende Teilnahme am *WestLant '90*-»Ausflug«. Während der Träger Ende April die Azoren anlief, erreichte der Einsatz der Bordstaffeln seinen Höhepunkt. 19 Flächenflugzeuge und Hubschrauber bevölkerten dabei das Trägerdeck, d. h. acht BAe *SeaHarrier* FRS.1 der 801. Staffel, sechs Westland *SeaKing* HAS.6 und eine HAS.5 der 820. Staffel, drei *SeaKing* AEW.2 der »B«-Flight der 849. Staffel sowie eine *SeaKing* HC.4 der 846. Staffel. Später hatten die Träger der *Invincible*-Klasse selten mehr als 15 Maschinen an Bord.

Im offenen Atlantik stießen die vorgesehenen Geleit- und Unterstützungsschiffe zur RN-Kampfgruppe, darunter der Zerstörer HMS *Glasgow* (D 88, aus der 2. Serie des Typs 42), die Fregatten HMS *Cumberland* (F 85) und *Brave* (F 94, beide vom Typ 22) sowie die Versorger RFA *Olna* (A 123) und *Fort Grange* (A 385). Diese Schiffe versorgten die Bordstaffeln mit allem, was zur Steigerung ihrer Fähigkeiten in Vorbereitung auf die harten Manöver mit den amerikanischen und kanadischen Alliierten notwendig war. Beispielsweise delegierte die 840. Staffel zwei ihrer *Seakings* AEW.2 für einige Tage auf den Flottentanker *Olna* zur Entlastung des überfüllten Trägerdecks, aber auch zum Sammeln von Einsatzerfahrungen ohne vom Träger gewohnte Ersatzteillieferungen und detaillierte Einsatzbriefingverfahren. Dabei wurde das »B«-Flight-Kommando von einem Oberleutnant geführt, der für die Einsatzplanung und -durchführung täglich zweier Fünfstunden-Missionen verantwortlich war, dem Kommandeur »Luft« auf der »*Ark*« zu berichten, die ASW-Einsätze mit den *SeaHarrier*-Flügen abzustimmen und auch die Wartungsarbeiten zu überwachen hatte, um beide Hubschrauber einsatzklar zu halten.

Die acht *SeaHarrier* der 801. Staffel waren ständig mit Jagd-, Aufklärungs- und Angriffsmissionen ausgelastet, bei denen ein oder zwei Begleitschiffe je nach Einsatzauftrag als »Angriffsziele« oder Jägerleitstellen dienten. Schlittenähnliche 6x6 Fuß (1,8x1,8 m) große hölzerne, an 600 Fuß (180 m) langen Stahlseilen vom Träger gezogene Schleppscheiben dienten zu Waffenübungen mit scharfer Kanonen- und Bomben-Munition. Die Seitenwände der Scheiben waren mehrfach querverstrebt. Sie schwammen nicht nur, sondern erzeugten auch vom Piloten gut erkennbare Gischtwolken. Sie waren zum scharfen Schuß mit Raketen, Bordkanonen und Übungsbomben bestens geeignet. Der Angriffsgleitpfad beim Scheibenanflug führte über den Backbordbug des Trägers und erleichterte den Beobachtern auf der *Ark* die Überwachung des Angriffswinkels der Flugzeuge.

Sicher »angeblockt- und gekettet« wird am *SeaHarrier* FRS.1 ZE698 die steuerbare Bugrad-Schleppstange angebracht. Damit wird die Maschine nach Lösen der Decksverankerung zu ihrem Parkplatz geschoben. Die Westen-Farben der Decks-Crew kennzeichnen ihre speziellen Tätigkeiten auf dem Flugdeck: Braun tragen die Zellen- und Triebwerkmechaniker, blau die Park- und Roll-Mannschaft, gelb die die Flugdeck-Direktoren. Die ZE698 als letzte für die FAA gebaute FRS.1 wurde nach 16monatiger Einmottung in RAF St. Athan, Wales, im Februar 1990 an die 801. Staffel ausgeliefert. Im Februar 1995 machte sie mit dem letzten Einsatzflug im FFA-Dienst (einem CAS-Einsatz über Bosnien) FRS.1-Geschichte, bald danach mit dem letzten Trägerstart von einem Flottenträger. Beides fand bei der 800. Staffel an Bord der HMS *Invincible* statt. Schließlich wurde die ZE698 zur *SeaHarrier* FA.2 umgebaut.

Alle scharf schießenden Flugzeuge kontrollierte der Kommandeur »Luft« auf der »Flyco« (»fliegenden Brücke«) des Trägers. Er trug die Verantwortung für die freie Zielumgebung, damit jeder *SeaHarrier*-Pilot seine scharfe Munition sicher einsetzen konnte. Anflugwinkel, Waffenseinsatz und Trefferlage wurden vom Staffelpersonal auf dem Träger und einer nachlaufenden Fregatte oder aus einem hinter dem Gleitpfad 90° versetzten Hubschrauber exakt vermessen. Neben simulierten *SeaEagle*-LFK (Lenkflugkörper)-Schießen auf die *Glasgow* und *Cumberland* während der Atlantiküberfahrt fanden auch Luftkampf-Übungen statt, bei denen einzelne Flugzeuge gegen Mehrfachziele und zu Höhenabfang-Übungen durch Jägerleitoffiziere an Bord oder von der 849. Staffel eingewiesen und überwacht wurden.

Für die Dauer der *WestLand 90* war der Falkland-Veteran LtCdr M. W. 'Soapy' Watson Chef der 801. Staffel. Schon acht Jahre vorher Anfang der 90er Jahre flog er wegen chronischen Mangels an *SeaHarrier*-ausgebildeten Seniorpiloten als Juniorpilot bei dieser Staffel. Nun war er nach der Führung der 800. Staffel von Januar 1988 bis Januar 1990 auf der zweiten *WestLant*-Tour wiederum ihr Chef. Als früherer *Seaking*-Driver (Slangausdruck für Pilot) vor seiner Umschulung aus SeaHarrier Ende 1981 hatte 'Soapy' bereits unzählige Einsätze im Südatlantik mitgemacht.

Bei der Operation *Corporate* war als SPLOT (Senior Pilot) auch LtCdr D. H. S. Dave Morgan, DSC (mit dem Distinguished Service Cross ausgezeichnet), als RAF-Austauschoffizier und Taktiklehrer der 899. Staffel in der Falkland-Krise dabei. Während dieses Feldzugs schoß Morgan mit der 800. Staffel an Bord des Trägers HMS *Hermes* (R 12) je zwei argentinische Hubschrauber und *Skyhawks* ab. Kein anderer Pilot erreichte damals gleich viele Luftsiege. Nach seiner Rückkehr nach England wechselte er von der RAF zur FAA. Andere Staffelpiloten waren 1990 Lt. A.R. 'Mum' Davis und Dale

Nach Auftanken mit Turbinentreibstoff (Avtur) und Auffüllen des Wassereinspritzbehälters mit entmineralisiertem Destillat warten die Decksmannschaften geduldig, bis der Träger zum Start der SHAR (*SeaHarrier*)-Bordflugzeuge mit voller Fahrt in den Wind gedreht hat. Der verschwommene Bildhorizont hinter der FRS.1 XZ457 zeigt, daß der Pilot das Rolls-Royce *Pegasus* Mk.104 Turbofan-Triebwerk warmlaufen läßt. Nachweislich ist dies Flugzeug der berühmteste bisher gebaute *SeaHarrier*. Im Falkland-Konflikt fielen ihm vier argentinische Kampfflugzeuge (2 Douglas A-4Q *Skyhawks* und 2 IAI (*Kfir-Mirage*) Dagger zum Opfer. Keine andere FRS.1 der 801. Staffel an Bord der HMS *Hermes* erreichte im Mai/Juni 1982 mehr Luftsiege. Diese Maschine warf auch drei 1000 lb (454 kg) Bomben auf Goose Green und verschoß 680 Schuß 30-mm-Munition aus ihren Aden-Bordkanonen während ihrer 66 Kampfeinsätze. 13 Jahre stand sie fast ununterbrochen im aktiven Einsatz bei beiden Flottenjagdstaffeln. Ende 1993 ging die XZ 457 zum Umbau in die modernere Version FA.2 ins BAe-Werk, ehe sie im März 1994 wieder zur 899. Staffel kam. Am 30.10.1995 hatte sie während eines Fluges nahe Yeovilton einen schweren Triebwerksbrand, doch gelang es dem Piloten, die Maschine zur Basis zurückzubringen, wo sie repariert werden sollte.

Unten:
Mit Ketten werden geparkte Flugzeuge an Deck verankert, wenn die *Ark* zum Erreichen des DFC (Designated Flying Course) für den Start der nächsten Einsatzperiode in den Wind dreht. Diese FRS.1 (ZA193) 004 ist mit einem CBLS (Carrier Bomb/Light Stores)-Leichtbombenträger an der Mittelrumpf (CL – Center Line)-Station zwischen den beiden Aden-Kanonen und einem AIM-9L Sidewinder-Übungs-LFK am linken Außenflügelpylon beladen. Beide Bewaffnungsarten wurden bei den gemeinsamen Vorbereitungsmanövern mit US- und kanadischen Streitkräften bei *WestLant '90* eingesetzt. Die ZA193 der 800. Staffel flog im Falkland-Krieg über 61 Einsätze, darunter den ersten Bombenangriff auf den Flugplatz in Port Stanley am 1. Mai 1982 und schoß eine der drei argentinischen *Dagger*-Verluste am 24.5. ab. Nach einem Einsatzjahrzehnt beim FAA und A&AEE (Aerospace & Armaments Experimental Establishment) ging die ZA193 bei der 800. Staffel am 28. Mai 1992 vor Cypern verloren, als ihr Pilot, Lt Pete 'Whizzer' Wilson, nach Versagen der Bugsteuerdüse beim Landeanflug auf die HMS *Invincible* mit dem Schleudersitz aussteigen mußte.

Omeara, die beide vor ihrem Wechsel zur RN (Royal Navy) 1983/84 als australische Marineflieger (FAA) am großen Exodus der Flächenflugzeugpiloten beteiligt waren und – plötzlich »gegrounded« – fürchteten, zur RAAF (Royal Australian Air Force) zu kommen. Ursache dafür war der Falkland-Konflikt, weswegen der vorgesehene Kauf der HMS *Invincible* von der Royal Navy als Ersatz der älteren australischen HMAS *Melbourne* nicht zustande kam.

Wie üblich stammte das größte Kontingent fliegender Besatzungen auf RN-Trägern in den 90er Jahren von eingeschifften ASW-Staffeln (U-Boot-Abwehr), wie beim *WestLand '90* die »Fliegenden Fische« der 820. Staffel. Ihr Bord-Debüt beim Hochsee-Einsatz erfolgte statt mit ihren Hubschrauberveteranen mit nagelneuen Westland *SeaKing* HAS.6. Von den sieben neuen »Taxis« an Bord der *Ark* waren fünf auf den neuesten Standard modernisiert, eine HAS.6 war von Westland gerade fabrikneu geliefert, die letzte *SeaKing* war noch eine HAS.5. Unter LtCdr N.J.K. Deadman hatte die Staffel das neue Fluggerät schnell im Griff und erzielte mit dem neuen Plessey/GEC Avionics Digital Type 2069 Tauschsonar teilweise beeindruckende Erfolge.

Oben links:
Lt. Paul Simmonds-Short (auch ein erfolgreicher »FRS-1-Aussteiger«, er »sägte« im Oktober 1989 bei einem Staffelüberflug den Radarmast der *Ark* ab) absolvierte die Umschulung vom Horizontal- zum Senkrechtflug, wartet und wartet neben der »Spot 6«-Position auf die Landefreigabe, und beobachtet die Signale des FDO (Flight Deck Officer) auf dem Träger. Für die Hover-Position wird die volle Leistung des Rolly-Royce *Pegasus* Turbofan-Triebwerks mit 21500 lb (9760 kp) benötigt. Die aerodynamische Auftriebskraft der Tragflächen im Vorwärtsflug fällt mit dem Vertikalschwenken der Schubdüsen zum Schwebeflug (Hover) und zur Senkrechtlandung weg. Aus der Warteposition an Backbordseite des Trägers manövriert der Pilot sich dann sorgsam seitlich schiebend über das Deck und vermindert die Schubleistung zur Landung, gibt aber zur Reduzierung der Sinkrate und zum »Abfangen« für möglichst weiches Aufsetzen nochmals einen »Schuß Gas«. Wie die ZA193 nahm auch die XZ459 an der Falklands-Operation *Corporate* mit der 800. Staffel und am »Mai-Tag«-Angriff auf den Flughafen Stanley teil. Bei diesem Konflikt flog sie 53 Einsätze und war an der Zerstörung des Frachters *Rio Carcarana* beteiligt. Später wurde diese Maschine auf den letzten FA.2-Standard nachgerüstet.

Sofort nach der Landung auf dem Trägerdeck rollt der Pilot seine Maschine bugwärts, um das Landedeck für die 30 Sekunden später folgende nächste Landung frei zu machen. Ein Schwarm von vier Flugzeugen landet gewöhnlich binnen anderthalb Minuten.

Obwohl dem Vorgängergerät ähnlich, reichte das neue Hubschrauber-Sonar statt zuvor 245 Fuß (74 m) nun bis 700 Fuß (212 m) Wassertiefe. Die gesamte Informationsverarbeitung erfolgte auch digital. In großen Tiefen des Mittelatlantik konnte die Staffel das neue Gerät gründlich und mit vielversprechenden Ergebnissen erproben.

Nach der Atlantiküberfahrt lief die *Ark Royal*-Kampfgruppe Mitte Mai in den New Yorker Hafen ein. Nach kurzem Landurlaub für die Besatzung liefen die Schiffe wieder zu überaus hektischen Luftoperationen weiter südlich aus. Für die 820. Staffel hieß das Teilnahme an der Großübung LANTSUBASWEX (Atlantik-Anti-U-Bootkriegführung) in der Karibik mit U-Booten und Kriegsschiffen der 6. US-Flotte. Die US-Marinefliegerstation NAS Mayport in Florida war für sie Gastbasis für Reparatur- und Überholungsarbeiten. Die Schiffsbesatzungen nutzten die Liegezeit zu Landurlaub, während die 801. Staffel vom nahen vorgeschobenen US-Marinefliegerbasis NAS Cecil Field in Florida aus in 14tägigen Luftkampfübungen

Nichts bewegt sich auf einem Trägerdeck ohne Freigabe des FDO bzw. dessen Leitung. Hier hält läßt er einen SeaHarrier im Triebwerks-Leerlauf warten, bis der Pilot seine Vorflugkontrolle im Cockpit für Schubleistung und freie Steuergängigkeit beendet. Zudem führt der LDO die äußerlichen Vorflugkontrollen am Flugzeug durch, bis der MASS (Master Armament Safety Switch)-Waffen-Hauptsicherungsschalter aktiviert, alle Sicherungssplinte an den Laststationen und die roten Sicherheitsstifte am Martin Baker-Schleudersitz entfernt und in der Cockpitablage komplett vorhandern sind.

Die rote Weste mit schwarzem Längsstreifen kennzeichnet den für alle Waffen- und Außenlast-Beladungen an vier Flügel- und einer CL (Center Line)-Rumpfstation verantwortlichen Waffen- und Bombenwart. Außer dem großen *SeaEagle*-LFK zur Schiffsbekämpfung, der schwersten Waffe der *SeaHarrier*, wird eine 1000 lb Mk.13 (454 kg) HE (High Explosive)-Bombe an der linken Flügelstation aufgehängt. Zur schnellen und sicheren Anbringung dieser Außenlast sind fünf Mann des Waffenteams und zwei Hubwinden notwendig.

Sobald die scharfe Bombe sicher am Flügelpylon hängt, werden die Spannschrauben justiert, damit sich die Last nicht im Fluge verschiebt. Die sichere Beladung des äußeren Flügelpylons mit dieser großen Bombe ist besonders wichtig. Wird sie einseitig verloren, wirkt dies derart negativ auf Schwerpunkt und Flugstabilität, daß der Pilot die Maschine nicht mehr auf dem Schiffsdeck landen kann.

Unten:
Spezialkarren erleichtern die Tagesarbeit beim Waffentransport auf nassem, glitschigem Trägerdeck aus dem Bordmagazin zur Beladung der Flugzeuge durch die »Bombenköpfe« (rote Weste). Der Nahluftkampf-LFK AIM-9L Sidewinder ist im Vergleich zu den HE-Bomben relativ leicht. 2–3 Waffenwarte reichen zur Beladung der *SeaHarrier* für einen typischen Übungseinsatz mit zwei dieser Flugkörper aus.

mit A-7E Corsair II, F/A-18 Hornet und F-16A der USAF Florida ANG (Nationalgarde) ihre Leistungsfähigkeit zu beweisen hatte.

Mit der Bordrückkehr der Hubschrauber am 30. Mai führte die *Ark Royal* vor der Rückfahrt nach England weitere Über- und Unterwasser-Übungen durch. Mit ereignisreichen Manövern hatten sich die *SeaKing* HAS.6 erfolgreich in den Flottendienst eingeführt. Auch die *SeaHarrier* bewährten sich erneut gegen die besten amerikanischen Einsatzflugzeuge. Mit dem Festmachen der *Ark Royal* am 4. Juli am North West Wall der Marinewerft in Portsmouth endete die Operation *WestLant '90*.

Die 820. FAA-Staffel erhielt als erste die neuen Westland *SeaKing* HAS.6 Hubschrauber, als sie für das Unternehmen *WestLant '90* auf der *Ark* einschiffte. Zusammen mit den anderen Bordstaffeln ergab sich daraus eine ungewöhnliche Mischung alter und neuer Farbanstriche für die Operationsdauer. Dieser Hubschrauber (XV663) hat noch seinen nachtblauen, seit Ende der 70er Jahre Standard-Anstrich der FAA-SeaKings. Die vielen Außenantennen, vor allem die weiße, vor dem Fahrwerk sichtbare Blattantenne, Teil der abhörsicheren GEC-Marconi AD3400 VHF/UHF-Funksprechanlage, sind typisch für die neue HAS.6-Version. Der FAA (Fleet Air Arm - Marineflieger) war mit Zuverlässigkeit und Einsatzklarstand der *SeaKings* im letzten Vierteljahrhundert sehr zufrieden. Diese Maschine wurde Anfang 1970 als HAS.1 in Dienst gestellt, am Ende des Jahrzehnts zur HAS.2-Version nachgerüstet, Anfang der 80er Jahre als HAS.5 zusammen mit 35 anderen neu gebaut und schließlich Ende 1989 auf den letzten HAS.6-Standard gebracht. Der XV663 schwebt hier nach einem ASW-Übungseinsatz zur Landung auf einer der Eskort-Fregatten der Kampfgruppe ein.

Embarked Aircraft

No 801 Sqn – Sea Harrier FRS 1
ZD609/000
XZ498/001
ZD582/002
XZ457/003
ZA193/004
ZE693/005
XZ459/006
ZE698/007

No 820 Sqn – Sea King HAS 5/6
XV701/10
ZA129/12
ZG816/13
XV712/14
XV663/15
XV665/17
XV654/18 (HAS 5)

No 846 Sqn »Det 1« – Sea King HC 4
ZE247/VO

No 849 Sqn »B« Flight – Sea King AEW 2A
XV672/82
XV649/83
XV704/84

Der XV665 hatte einen ähnlichen Lebenslauf wie der auf Seite 102 beschriebene Hubschrauber, sah aber beim *WestLant 90* in seinem hellgrauen Anstrich etwas »neuer« aus.
In 25 Dienstjahren seit FAA-Einführung des *SeaKing* erhielt der Hubschrauber mit jeder neuen Version im Flottendienst immer mehr Außen-Antennen, Avionikkabel und EloKa (ESM – Electronic Suppert Measures)-Einbauten. Hinter der Backbord-Einstiegtür erkennt man das Staffelwappen der 820. Staffel »Fliegender Fisch«.

Der einzige HAS.5 der Staffel (XV654) war im Mittelatlantik im Mai 1990 während der Vorflugkontrolle bei laufenden Rotoren vor der modernisierten HAS.6 (XV701) noch an Deck »angebunden«. Beide Hubschrauber wurden von den vor ihnen stehenden FDO's (Flight Deck Officier) überwacht. Sobald die inzwischen angeschnallten Besatzungen »startklar« melden, eilt die Decks-Crew auf das FDO-Zeichen von allen Seiten zum Lösen der Ankergurte herbei, erst dann erteilt der FDO die Starterlaubnis. Der Pilot gibt nun am Kollektiv-Pitch-Stick 70 % Leistung ein und hebt zum Schwebeflug ab, ehe er sich seitlich vom Schiff absetzend seinen bis zu drei Stunden dauernden Einsatzflug beginnt.

Vor dem Start der SeaHarrier zu einem üblichen Stundeneinsatz hebt eine *SeaKing* AEW.2A ab und bezieht im vorgeplanten vom Träger abgesetzten Seegebiet Station zur Luft- und Seeraumüberwachung. Die kesselpaukenförmig verkleidete, an Steuerbordseite montierte Thorn EMI ARI 5980/3 Searchwater-Radarantenne schwenkt an einem 12 Zoll (30 cm) dicken, von der British Gas gelieferten Stahlrohr-Tragarm 90° abwärts. Das Radar arbeitet am wirkungsvollsten in 10000 Fuß (3030 m) Höhe und erfaßt dann jäger-große Ziele in 125 Seemeilen (230 km) Entfernung. Die normale Einsatzbesatzung der AEW.2 besteht aus dem Piloten (mit ASW oder HC.4-Erfahrung aus mindestens zwei Unternehmungen) und zwei Bedienern an je einem Zielverfolgungsradar-Display, dahinter findet der eingezogen nicht mehr aufgeblasene Radom in einer schuhlöffel-artigen Kabinenhalterung Platz. Im Betriebszustand entwickelt das Radar trotz eines starken Kühlsystems sehr viel Wärme. Eine wesentlich schwerere AEW.2A (als die ASW-Version) zu fliegen, erfordert vom Piloten ein Höchstmaß an Kondition, Können und fliegerischem Gefühl. Die Überwachungsrolle verlangt vom Piloten eine besonders ruhige stundenlange Einhandsteuerung zur präzisen Einhaltung eines konstanten Flugprofils auf Suchstation.

Am härtesten war die *SeaKing* HC.4-Bordhubschrauber-Flight an Bord der Trägerkampfgruppe gefordert. Diese zwei Maschinen besorgten den ständigen Versorgungsnachschub zwischen Träger und Hilfs- und Unterstützungsschiffen. Bei *WestLant '90* war dafür der ZE247 des Kommandos 1 der 846. Staffel eingesetzt. Das Kommando umfaßte 2–3 komplette Besatzungen (2 Piloten + Lademeister) und rund 20 Mann technisches Personal. Kommandoführer war meist ein erfahrener Oberleutnant.

Nach einem weiteren Einsatztag wird der XV672 der 849. Staffel mit dem Decklift zum unteren Hangardeck befördert und dort routinemäßiger Wartung im wettergeschütztem Raum unterzogen. Der imprägnierte Kevlar-Radom über der Radar-Antenne wird beim Triebwerkabstellen zur raumsparenden Unterbringung in der Kabine entlüftet. Die eingeschifften Kommandos der einzigen FAA-AEW-Staffel bestehen gewöhnlich aus drei Hubschraubern.

Ark und the Sea Harrier FRS 2

Datum: November 1990
Ort: Im Englischen Kanal
Träger: HMS *Ark Royal* (RO 7)

Inzwischen sind *SeaHarrier* F/A.2 längst integraler Bestandteil bei Flottenoperationen der HMS *Invincible*-Träger-Klasse. Die drei mit diesem VTOL-Jet ausgerüsteten FAA-Staffeln waren an Einsätzen im Bosnien-Konflikt beteiligt, patrouillierten in den nördlichen und südlichen »No-Fly«-Zonen über dem Irak und nahmen danach an einigen Manövern mit nicht in Konflikten involvierten Ländern während der achtmonatigen Operation »Ocean Wave 97« in Australasien teil. Als MLU (Mid-Life Update – Modernisierung bei halber Dienstlebensdauer) für die kampfbewährte FRS.1-Version wurde die strukturell 14'' (35,5 cm) längere und elektronisch mit dem *Blue Vixen* Multi-Mode-Radar leistungsgesteigerte F/A.2 de facto rundum die derzeit modernste Waffe gebaut, den Hughes AIM-120 AMRAAM (Advanced Medium-Range Air-to-Air Missile)-LFK. Damit wurde die F/A.2 als Mehrzweck-Jäger auch für den Fernluftkampf, d. h. jenseits der optischen Reichweite (BVR – Beyond Visual Range), einsatzfähig.

Obwohl der *SeaHarrier* F/A.2 dadurch ein weiter leistungsgesteigertes, außerordentlich wirksames Waffensystem wurde, sah es im Sommer 1990 nicht rosig um seine Zukunft aus. Die Flugzeugentwicklung und Systemintegration blieb derart weit hinter dem vorgegebenen Zeitplan zurück, daß der parlamentarische Verteidigungsausschuß des britischen Unterhauses das Programm öffentlich kritisierte. Die Regierung verwies jedoch auf Koordinationsmängel zwischen den Auftragnehmern in der Zellen-, Radar- und Lenkwaffen-Entwicklung als Ursache fünfjähriger Programmverzögerung und £100 Millionen (fast DM 200 Mio) Mehrkosten des nun FRS.2 bezeichneten Flugzeugs, d. h. eine Steigerung der Beschaffungskosten von £500 auf £600 Millionen (weit über 1 Milliarde DM). Das GEC Marconi Avionics Ltd *Blue Vixen*-Radar wurde besonders attackiert, da der Ausschußbericht allein dabei einen Zeitverzug von drei Jahren feststellte, vornehmlich verursacht durch technische Probleme mit der Computer-Software bei der umfänglichen Bordsystem-Integration. Durch die Flure des Londoner Verteidigungsministeriums in Whitehall und des Parlaments schwirrten Gerüchte über die gefährdete Programmfinanzierung. Dennoch hofften BAe und die Royal Navy auf die erfolgreiche See-Erprobung der FRS.2, um dieses wichtige Programm durchziehen zu können.

HMS *Ark Royal* (RO 7) wurde für die See-Einsatzerprobung mit den beiden ersten FRS.2-Prototypen ausgewählt. Am Morgen des 7. November 1990 legte der Träger vom Portsmouth North West Wall-Pier ab und lief zum Erprobungs-Seegebiet im Kanal 20 Meilen (37 km) südwestwärts Land's End aus. Derweil begannen auf dem kleinen BAe-Flugplatz Dunsfold, Surrey, die Flugvorbereitungen der *SeaHarrier* FRS.2 XZ439 und ZA195 durch ein gemeinsames Techniker-Team von Marine und BAe, ehe die beiden Flugzeuge auf den Träger verlegten. Piloten für die ersten Trägerlandungen waren Rod Fredericksen als Chef-Projektpilot und LtCdr Simon Hargreaves, später Seniorpilot der FAA beim A&AEE (Aerospace & Armaments Experimental Establishment) in Boscombe Down, Wiltshire. Beide hatten langjährige *Sea-*

BAe (British Aerospace) Chef-Projektpilot für *SeaHarrier* FRS.2, Rod Fredericksen, näherte sich im Prototyp ZA195 dem Heck der *Ark Royal*, die an einem ungewöhnlich schönen Novembermorgen 1990 im Kanal operierte. Kurz nach dieser Aufnahme landete der Veteran der Operation *Corporate* erstmals mit dem neuen VTOL-Jäger auf einem Trägerdeck. Nur verschwommen erkennt man dahinter im flimmernden Turbinenabgasstrom den zweiten FRS.2 Prototyp, der auch zur Seeerprobung an Deck landet. Deutlich erkennbar sind die hufeisenförmigen Aufhängungen für AIM-120 AMRAAM (Advanced Medium-Range Air-to-Air Missile)-LFK anstelle der 30 mm Aden Bordkanonen unter den Lufteinläufen.

Fredericksen's volle Aufmerksamkeit galt dem FDO, während er sich nach dem kurzen Überführungsflug von Dunsfold in Surrey vorsichtig dem Achterdeck zur Landung näherte. Die neue vom Radar bestimmte Bugkontur läßt die schlanke Form der zweiten *SeaHarrier*-Generation vermissen. Dennoch wird jeder *SeaHarrier*-Pilot die mindere Ästhetik des neuen Flugzeugs in Kauf nehmen, wenn er dafür einen Quantensprung in der Steigerung der operationellen Leistungsfähigkeit durch das *Blue Vixen*-Radar im neuen »Jumbo«-Bugradom erhält.

Rod Fredericksen war mit Hochsee-Operationen wohl vertraut, hatte er doch bereits 2000 *SeaHarrier*-Flugstunden aus seiner FAA-Einsatzzeit in den 80er Jahren. Daher wurde ihm 1979 die Auszeichnung zuteil, als zweiter Pilot der Marineflieger die FRS.1 während seiner Zugehörigkeit zum A&AEE zu fliegen. Nach seiner Tätigkeit in Boscombe Down kehrte LtCdr Fredericksen zur 800. Frontstaffel zurück, mit der er am Falkland-Krieg im Mai/Juni 1982 teilnahm. Nach Kriegsberichten schoß er dabei zwei argentinische *Dagger* ab und versenkte ein Schnellboot. Von Mai 1985 bis Februar 1988 war er Chef dieser Staffel, ehe er den Dienst quittierte und als Chef-Projektpilot für die FRS.2 zu BAe ging.

Harrier-Erfahrung und waren schon im Falkland-Krieg zusammen bei der 800. Staffel geflogen. Zwei weitere Piloten, Graham Tomlinson (Vize-Projektpilot) und FltLt Dave Mackay (A&AEE Testpilot), kamen schon in Portsmouth zusammen mit 28 BAe-Technikern und acht A&AEE-Beobachtern an Bord der *Ark*.

Ohne großen Rummel verließen die beiden Prototypen den Startplatz in Surrey. Zu ihnen stießen auf dem Überführungsflug zum Träger zwei *Sea-Harrier* FRS.1 der Marinefliegerstation Yeovilton, der künftigen Heimatbasis der FRS.2. Diese beiden Maschinen wurden von den Staffelchefs der 800. und 801. Staffel, LtCdr R.C. 'Dick' Hawkins und M.W. 'Soapy' Watson, geflogen. In Vierer-Formation flogen sie 30 Meilen (55,5 km) vor der Landung in den Luftraumkontrollbereich des Trägers (Rufzeichen »Homer«) ein.

Beim Trägerüberflug im Südwest-Anflug-Sektor brachen die beiden FRS.2 die Formation ab und begannen den Landeanflug. So fiel es dem Chef-Projektpiloten Rod Fredericksen in der ZA195 zu, die erste erfolgreiche PIA-Trägerlandung (Pilot Initiated Approach) durchzuführen. Nach dem üblichen langgezogenen Standard-Endanflugverfahren schwenkte er die Schubdüsen abwärts, reduzierte die Geschwindigkeit bis zum Schwebeflug rund 400 Yards (340 m) vor dem Trägerheck. 1000 Yards (840 m) hinter ihm folgte LtCdr Hargreaves in gleicher Weise und beobachtete dabei aufmerksam seinen Formationsführer.

Die FRS.2 bzw. F/A.2 war rund 500 lb (227 kg) schwerer als die FRS.1. Dem Piloten machte dies kaum Schwierigkeiten, da er mit 99 % der verfügbaren 104 % Triebwerksschub bei einer »Trocken«-Landung (d. h. ohne Wassereinspritzung) gut zurecht kam. Da alles planmäßig verlief, flog er seitlich der Achterdecksposition »Spot 6« mit der auf die Trägerfahrt abgestimmten Geschwindigkeit nebenher. Da es sich um die erste Trägerdecklandung handelte, schwebte die FRS.2 ganz vorsichtig unter Aufsicht des FDO (Flight Deck Officer) über das Flugdeck bis zum Aufsetzpunkt, reduzierte die Triebwerksleistung für den letzten Sinkflug. Hunderte Augenpaare der Schiffsbesatzung beobachten dieses Ereignis. Nur 1–2 Meter über dem »Dach« des Schiffes fing Fredericksen mit kurzem Gasgeben das Flugzeug ab und setzte butterweich mit abfederndem Fahrwerk auf dem Stahldeck auf. Mit ausgestreckten Armen zeigte der FDO seine sichere Landung an und wies ihn zum Weiterrollen auf die Schiffsmitte an, um das Achterdeck für die nachfolgende Maschine frei zu machen.

Die XV439 hatte nicht nur den neuen hellgrauen, später voraussichtlich für alle F/A.2 der Flotte geplanten Anstrich, sie wirkte zudem fremd mit dem Prototyp-Radom des neuen Blue Vixen Radars, das auch auf mögliche Interferenzen mit den Schiffssensoren zu überprüfen war. Die ZA195 war dagegen in dieser Entwicklungsphase noch ohne Radar.

An Bord der *Ark* wurden die Erprobungsmaschinen mit Bomben, Lenkwaffen und Zusatztanks beladen, um die Flugsicherheit bei Start und Landung in allen Beladungsvarianten zu testen. Die beiden FRS.2 wurden anfangs noch ohne Außenlasten, außer den meist obligaten 100 IPG (454 Liter) Zusatztanks, geflogen. Die Waffenattrappen hatte die *Ark* in Portsmouth an Bord genommen. Knapp eine Stunde nach der Landung war die ZA195 schon wieder mit einem Doppelrack AIM-9L Sidewinder-LFK-Dummies beladen, die seit 1983 dauernd von allen FRS.1 mitgeführt wurden. Die schwarzweiße Karo-Bug- und Heckmarkierung diente der exakten Kalibrierung der Meßphotos bei den Waffenabgangstests.

Ein BAe-Techniker bereitet ein Bandaufzeichnungsgerät für den Einbau in den leeren achteren Geräteschacht der ZA195 vor. Diese robuste Ausrüstung diente zum Aufzeichnen aller Steuerimpulse des Piloten für die Flugzeugsteuerung in der Luft, die Bänder wurden nach jedem Flug ausgewechselt. Die codiert aufgezeichneten Daten entschlüsselte das Dunsfold-Team unter Deck mit einem mitgebrachten Auswerte-Spezialgerät. Das Team war während des Bordaufenthalts in einem Bereitschaftsraum der Bordsstaffel untergebracht.

Zwei FRS.1 mit den Chefs der 800. und 801. Staffeln, LtCdr Dick Hawkins und Mike 'Soapy' Watson, begleiteten die beiden FRS.2 bei den Erprobungsflügen von der *Ark Royal*. Watson, in der schon ziemlich verwitterten und an der Unterseite durch Hydrauliköl und Abgasruß verschmierten ZD582 »002«, schwebt hier zur Landung ein. Diese Maschine wurde im Juli 1991 an BAe zur Nachrüstung auf den F/A.2-Standard zurückgegeben und ging nach dem Umbau im Januar 1994 an die 899. Staffel.

Binnen drei Minuten waren alle vier *SeaHarrier* sicher auf dem Trägerdeck gelandet, zur Sicherung »angeschnallt« und dem Nachflug-Prüfteam (Post Flight Check) übergeben. Diese Kontrollarbeiten führte die Decksmannschaft der *Ark* gemeinsam mit den für die 10 Tage-Erprobung eingeschifften zivilen BAe-Technikern durch. Während die Bord-Crew die Maschinen auftankte und den Behälter für das Wassereinspritzsystem mit neuem demineralisiertem Destillat auffüllte, setzte die BAe-Mannschaft neue Magnetbänder in die Daten-Rekorder im achteren Geräteschacht beider FRS.2 ein, auf denen alle Steuerimpulse des Piloten für die aerodynamischen Ruder festgehalten und nach dem Auswechseln von den BAe-Technikern unter Deck mit einem komplexen Rechnersystem genau analysiert wurden.

Die Borderprobung umfaßte über 40 Testflüge bei allen Wetterlagen und mit sämtlichen verfügbaren Waffenkonfigurationen, u. a. Übungs-AIM-120 AMRAAM-, Zwillings-AIM-9L Sidewinder-LFK und 1000 lb (454 kg) HE-Bomben. Obwohl beide FRS.2 VTOL-Jets äußerlich identisch aussahen, war ihre interne Ausrüstung recht unterschiedlich. Die XZ439 hatte eine Vorserienversion des *Blue Vixen* Radars und Basis-Software an Bord, mit der wenigstens das Bordtestprogramm mit begrenzter Einsatzfähigkeit durchführbar war, die ZA195 hatte kein Radar, statt dessen ein voll instrumentiertes Pitot-Staurohr.

Hauptzweck der FRS.2-See-Erprobung war die Überprüfung der Fronttauglichkeit auf Trägern der *Invincible*-Klasse mit Deckstarts und -landungen und der Avionik-Tauglichkeit und -verträglichkeit mit den elektronischen Schiffssystemen. Im Interview mit dem Autor kurz nach der Landung auf der *Ark* beschrieb Rod Fredericksen seinen Erprobungsauftrag als die beste

Gelegenheit, die an Land bei den Testflügen in Boscombe Down gesammelten Daten anhand der Erfahrungen und Messungen an Bord des Trägers auf See zu verifizieren:

Wir mußten dem Beschaffungsamt (PE) des Verteidigungsministeriums (MoD) nachweisen, daß das Flugzeug de facto zwar eine FRS.1 hinsichtlich der Deckseignung, -handhabung bei Start und Landung war, aber die Voraussagen für die FRS.2 den Leistungen auf See tatsächlich entsprachen. Ich meine, daß ihre Starteigenschaften das Kernproblem der Erprobung waren, obwohl zunehmend neue Avionik-Daten im Erprobungsverlauf dazukamen.

Trotz der durch die Borderprobung nachgewiesenen Verträglichkeit des Flugzeugs mit seiner künftigen Trägerheimat verlangsamten anhaltende Probleme mit dem Radar und Feuerleitsystem das Programm weiterhin. Es dauerte noch bis zum Juni 1993, ehe die OEU (Operational Evaluation Unit)-Truppenerprobungseinheit das erste Flugzeug erhielt und mit realen Tests unter Frontbedingungen begann. Zwischenzeitlich war auch die Schießerprobung der AIM-120 AMRAAM-LFK auf der Eglin AFB in Florida mit der XZ439 erfolgreich verlaufen. Nach weiteren OEU-Fortschritten in Boscombe Down und auf der RNAS Yeovilton sahen die FAA-Marineflieger endlich den Tag der Fronteinführung der modernisierten F/A.2 kommen. Im September 1993 endlich traf der erste dort ständig stationierte VTOL-Jet in Yeovilton ein.

Mitte 1994 ging die OEU-Führung auf die 899. *SeaHarrier*-Ausbildungs- und Übungsstaffel über. Nach mehreren kurzen Trägereinschiffungen in heimischen Gewässern, verlegte die Staffel im September 1994 mit vier Maschinen und ihrem erfahrenen Chef Lt.Cdr Simon Hargreaves an Bord HMS *Invincible* (RO 5) in die Adria. Der Einsatz über Bosnien von Bord des Trägers in der Adria bei CAP (Combat Air Patrol)-Einsätzen und bewaffneter Aufklärung erfolgte auch bei den FRS.1 der 800. Staffel mit scharfer Waffenzuladung.

Nur ein *SeaKing*-Hubschrauber der 820. Staffel verließ seinen Heimathorst Culdrose zur Verstärkung der geforderten »Junglies« (»grün getarnte« HC.4 der Royal Marines). Die mit Radar ausgerüstete HAS.6 flog von Anfang an besonders erfolgreich als »Pfadfinder« für die HC.4 (ohne Radar), die den laufenden Personalaustausch vom Schiff nach Cornwall in dichtem Nebel zu fliegen hatten.

Gegenüberliegende Seite:
Der *SeaKing* HC.4, ZD477/H glänzt wieder in früher Morgensonne, nachdem gründliches »Duschen« die stumpf-korrosiven Salzwasser-Ablagerungen auf der Außenhaut entfernte, die sich schnell bilden, wenn Maschinen auf See einige Zeit an Deck verankert bleiben.

Auch zwei HC.4 »Junglies« der 845. Staffel (RM) waren zum Personalaustausch zwischen dem Träger und der RNAS Culdrose in Cornwall sowie zu vorsorglicher Rettungsbereitschaft während der FRS.2-Einsatze auf der *Ark* eingeschifft. Ein Hubschrauber der 707. Staffel (ZX) stand in den ersten Erprobungstagen ebenfalls zur Verfügung. Er schwebt hier kurz nach der Landung der FRS.2 aus Dunsfold ein. HC.4 dienten zudem oft als fliegende Medienplattform für Marine-, MoD(PE)- und BAe-Fotografen, die zu Filmberichten über die Erprobung an Bord kamen.

Dieses monatelange Unternehmen bereitete den ersten F/A.2-Staffeleinsatz vor, der am 26. Juli 1995 begann, als sechs Maschinen der 801. Staffel im englischen Kanal an Bord der HMS *Illustrious* (RO 6) gingen. Nach der Teilnahme an einem NATO-Manöver im Nordatlantik verlegte der Träger ostwärts in die Adria, wo er HMS *Invincible* vor der bosnischen Küste ablöste. Dieser ersten erfolgreichen Verlegung folgend wurden alle drei Frontstaffeln auf F/A.2 umgerüstet. Damit wurde endlich die volle Operationsfähigkeit der neuesten *SeaHarrier*-Version in realer Einsatzumgebung verwirklicht.

Embarked Aircraft

A&AEE/British Aerospace – Sea Harrier FRS 2
XZ439
ZA195

No 820 Sqn – Sea King HAS 6
ZA129/12

No 845 Sqn »Det 3« – Sea King HC 4
ZA312/B
ZD477/H

*No 707 Sqn – Sea King HC 4**
ZD625/ZX

*No 800 Sqn – Sea Harrier FRS 1**
XZ495/129

*No 801 Sqn – Sea Harrier FRS 1**
ZD582/002

* nur eine Nacht an Bord.

Orient Express 92

Datum: September 1992
Ort: Im Indischen Ozean (Indik)
Träger: HMS *Invincible* (RO 5)

Bis Ende der 60er Jahre waren britische Flugzeugträger ein normaler Anblick in den Gewässern um die früheren Kolonien Singapur, Malaysia und Hong-Kong des britischen Empire. Monatelang operierten sie dort zusammen mit den regionalen und örtlichen Marinen und Luftstreitkräften sowie mit den australischen und US-Streitkräften. RN (Royal Navy) und RAF (Royal Air Force) unterhielten noch bedeutende Stützpunkte in Sembawang auf Singapor, Tengah

Alles war ruhig auf dem regennassen Deck der HMS *Invincible*, als der Träger nach 12 Tagen Liegezeit in ehemaligen RN-Hafenanlagen in langsamer Fahrt das Sembawang-Dock verließ. Nur die *SeaKing* HC.4 des »Kommandos 2« der 845. Staffel und die HAS.5 der 814. Staffel waren zur Zeit dieser Aufnahme an Bord. Alle anderen Teile der Bordgruppe nahmen an einem verlängerten Landaufenthalt auf der RSAF (Republic of Singapore Air Force)-Basis Paya Lebar teil. Trotz ihrer Größe können *SeaKing*-Hubschrauber ziemlich eng geparkt werden, nachdem auf Forderung der US Navy von Sikorsky verschiedene Faltvorrichtungen für Hauptrotor und Heckrotorträger eingebaut wurden.

Oben:
»Junglie« ZD477/A startet zum ersten Tagesflug vor Rückkehr der *SeaHarrier* FRS.1 der 800. und *SeaKing* AEW.2A der »A«-Flight der 849. Staffel von Paya Lebar. Der Lade- und Rettungsmeister in der offenen Kabinenschiebetür unterstützt den Piloten bei Start und Landung durch Meldung des genauen Abstandes zur Deckskante und zu anderen startbereiten Hubschraubern an Deck. Der schwarz-graue Kasten unter dem roten Tankeinfüllstutzen enthält eine Antenne des über Bosnien besonders bewährten MAWS (Missile Approach Warning System)-Flugkörperannäherungs-Warnsystems AN/AAR-47.

und Paya Lebar. Sie benutzten auch die Einrichtungen der RAAF (Royal Australian Air Force) in Butterworth im nahen Malaysia. Dies wurde vornehmlich als politischer Einsatzauftrag und Beitrag verstanden, damit die neuen unabhängigen Länder dieser Region gegenseitig ihre Souveränität respektierten. Die in Fernost stationierte Trägerkampfgruppe war somit Ausdruck klassischer »Macht-Projektion«.

Durch multilaterale Verteidigungspakte, wie SEATO (South-East Asian Treaty Organisation – der NATO vergleichbar) und FPDA (Five Power Defence Arrangement)-Fünf-Mächte Verteidigungsvereinbarung, wurde die ganze Region im Laufe der 60er Jahre zunehmend stabilisiert. Gleichzeitig mit der wachsenden Eigenverantwortung der asiatischen Nationen für ihre Regionalpolitik, kündigte die britische Regierung gravierende Haushaltskürzungen für die bis dahin ständige militärische Präsenz in den früheren, 1971 entlassenen Kolonien an. Demzufolge wurden die älteren Träger HMS *Victorious* (R 38) und *Eagle* (R 05) zur Verschrottung verkauft. RN-Schiffe zeigten in diesem Jahrzehnt zwar noch regelmäßig »Flagge« in dieser Region, doch erst mit der Operation *Orient Express* 1983 kam mit der HMS *Invincible* erstmals wieder ein Träger in die fernen indisch-pazifischen Seegebiete. Dieses Unternehmen diente nicht nur als Asien-Schaufenster moderner britischer Militärtechnologie, sondern auch der Demonstration der RN-Fähigkeit, größere Seeoperationen mit alliierten Seestreitkräften weitab von heimischen Gewässern durchzuführen. Trotz großer technischer und politischer Probleme dauerte dieser *Orient Express* ein halbes Jahr. Weitere solche Unternehmungen folgten 1986 mit HMS *Illustrious* und 1998 mit HMS *Ark Royal* mit in jeder Hinsicht positiverem Ergebnis.

Nach der Intervention im Golf-Krieg 1990/91 und neuen drängende Verpflichtungen der NATO-Alliierten im Atlantik und Mittelmeer erfolgte die nächste Fernost-Operation erst 1992 mit der HMS *Invincible* als Kern des *Orient Express '92*. Für dieses sechseinhalb Monate dauernde Unternehmen waren an Bord sechs *SeaHarrier* FRS.1 der 800. Staffel, sieben *SeaKing* HAS.5 der 814. Staffel, zwei *SeaKing* AEW.2A der »A«-Flight der 849. Staffel sowie zwei *Seaking* HC.4 »Junglies« der 845. Staffel eingeschifft. Außer den Bordfliegerstaffeln gehörten zum Verband der *Invincible*-Kampfgruppe der Type 42-Zerstörer HMS *Glasgow* (D 88), die Type 22-Fregatte HMS *Boxer* (F 92) und die Type 23-Fregatte HMS *Norfolk* (F 230). Die Kriegsschiffe wurden durch die Begleit-Versorger RFA *Fort Austin* (A 386) und *Olwen* (A 122) unterstützt.

Vorherige Seite:
Die Pilotensicht aus dem *SeaKing*-Cockpit ist hervorragend, wie der Blick auf den Strand der malaysischen Insel Pulau Thioman zeigt. Zu diesem Zeitpunkt war an Bord noch alles in Ordnung, später fiel ein Triebwerksmagnet aus und zwang die Maschine über der Insel zu einer Not-Autorotationslandung auf dem Landestreifen der Insel. Es dauerte mehrere Tage, bis ein Rolls-Royce Gnome-Ersatztriebwerk und Reparatur-Techniker des »Kommandos 2« mit dem zweiten HC-4 eingeflogen wurden.

Nach der Vorbereitung im Mittelmeer, wo ein *SeaHarrier* durch Mechanik-Ausfall verloren ging, lief der Verband durch den Suez-Kanal entlang der ostafrikanischen Küste in den Indik zur US-Marinebasis Diego Garcia, Teil des britischen Territoriums im Indischen Ozean rund 1200 Meilen (2220 km) nordostwärts Mauritius. Nach Auffüllen der Bordbestände erreichte die Kampfgruppe mit Nordost-Kurs indische Gewässer zur Teilnahme an der ersten von vielen weiteren Übungen mit nationalen Streitkräften dieser Region. Hafenaufenthalte in Hongkong und Südkorea wechselten mit Perioden intensiver Manöver, ehe der Verband zu einer längeren Pause in Singapor einlief. Die wichtigsten Manöver der Unternehmung folgten dann mit: *Starfish* und *Adex 92-4*.

Im Rahmen der Übung *Starfish* verlegte die 800. Staffel auf den RSAF (Republic of Singapore Air Force)-Stützpunkt Paya Lebar. Von hier aus arbeitete die Staffel mit F-5E und F-16A der RSAF, Tornado F.3 und Harrier GR.7 der RAF, F/A-18A der RAAF (Royal Australian Air Force) und A-4K der RNZAF (Royal New Zealand Air Force) zusammen. Vorher nur zu Missionen gegen Über- und Unterwasserschiffe und zur U-Boot-Abwehr eingesetzt, flogen die *SeaHarrier* FRS.1 nun auch CAP (Combat Air Patrol)-Einsätze, zusammen mit »Kiwi« *Skyhawks*, zum Schutz der Kampfgruppe gegen schnelle, von anderen RSAF-Basen aus angesetzte Jet-Angriffe. Die 800. Staffel flog in dieser Manöverzeit täglich 15–20 Einsätze.

Beide Typen erhielten durch die beiden *SeaKing* AEW.2A der 849. Staffel Einsatzunterstützung. Während der Achttage-Übung flogen sie 14 Missionen und waren 55 Stunden in der Luft. Neben der Frühwarnung für verteidigende Jäger, informierten sie zugleich die Überwasserschiffe vor anfliegenden Gegnern.

Die ersten von Paya Lebar an Bord zurückkehrenden Maschinen waren die drei AEW.2A-«Säcke« der »A«-Flight der 849. Staffel. Sie flogen als Jägerleit-Hubschrauber für die *SeaHarrier* sowie F-16 und F-5E ihrer Gastgeber. Die noch »aufgeblasene« Kevlar-»Kesselpauke« des Radars ist zur Landung an Deck in Stauposition nach achtern oben geschwenkt. Die AEW.2A wird nur von einem Piloten geflogen, der zweite Sitz wird von einem der beiden Beobachter bei Start und Landung eingenommen, der im Notfall die manuelle Triebwerksleistungskontrolle übernimmt, die im ASW- oder Junglie-Cockpit der Co-Pilot bedient.

Die 800. Staffel leitete bei dieser Übung auch koordinierte Schiffs-Angriffe. Dabei erhielt sie Unterstützung durch vier Flight Refuelling *Falcon* 20D ECM-Jets, die ex-FAA-Piloten der FRADU (Fleet Requirements & Direction Unit) flogen. Speziell zu den *Starfish-* und *Adex 92-4*-Manövern waren sie von England nach Singapur verlegt worden. Bis Übungsende hatten die *SeaHarrier* 96 Offensiv- und Defensiv-Einsätze geflogen.

Auch die 814. Staffel war in der ASW (Anti-Submarine Warfare)-Phase von *Starfish* voll ausgelastet und hatte zwei (»Cabs«) Maschinen für die Übungsdauer auf den Versorger RFA *Fort Austin* delegiert. Primärziel der »Klingler« (wegen ihres Sonar-Geräts so genannt) war das U-Boot HMAS *Ovens* (S 70, Oberon-Klasse) der RAN (Royal Australian Navy). In den warmen Flachgewässern vor Singapur, die U-Booten traditionell gewissen Schutz gegen Entdeckung durch Radar und Sonar boten, war die *Ovens* ein gut geeignetes Ziel.

Nach einer kurzen Ruhepause an der Pier von Sembawang lief die *Invincible* zurück in die verkehrsreichen Gewässer um Singapur und nahm die 800. Staffel wieder an Bord und zur Vorbereitung auf das Manöver *Adex 92-4* wieder Nord-Kurs bis zur Ostküste Malaysias. Anders als bei der *Starfish*-Übung galt dieses Manöver ausschließlich der Luftverteidigung und war darauf angelegt, das regionale IADS (Integrated Air Defence System) mit den Signatarstaaten des vorherigen FPDA (Five Power Defence Arrangement), d. h. Malaysia, Singapur, England, Australien und Neuseeland, und die wirkungsvolle Integration der *Invincible*-Kampfgruppe in dieses System zu testen. 120 Flugzeuge waren an den dreitägigen Manövern vor der Küste der malaysischen Insel Pulau Tioman beteiligt.

Ein »Erdferkel«-Beobachter verläßt hier seinen soeben gelandeten *SeaKing* AEW.2A und begibt sich über das Flugdeck zur Insel. Während des Debriefings (Nachflug-Besprechung) im Bereitschaftsraum wird sein Hubschrauber zur Nachflug-Inspektion in den Wartungshangar unter Deck gebracht und für die bevorstehende *Adex 92-4*-Übung wieder flugklar gemacht..

Im »Kielwasser« der »Säcke« (wie Jetpiloten die AEW-*SeaKings* nennen) schweben fünf *SeaHarrier* der 800. Staffel ein. Alle nutzen den Zusatzschub durch Wassereinspritzung, um mit ausreichender Triebwerksleistung sicher auf dem achteren Trägerdeck zu landen. Die Einspritzung komprimierten Wassers (der in Zellenmitte angebrachte Tank enthält 30 IPG (136 Liter), die binnen 90 Sekunden verbraucht sind) in die Brennkammern des Rolls-Royce *Pegasus* Turbofans steigert den Triebwerkschub von 104 % (trocken) auf 108 %, d. h. um zusätzlich 1000 lb (454 kp) durch Kühlung der Turbine und dadurch mögliche höhere Drehzahl ohne Überhitzungsgefahr. In der »heißen Umwelt mit hoher Luftfeuchte« in Fernost ist der Zusatzschub etwas niedriger. Dampf und Wassertropfen strömen aus der Überlauföffnung vor der vorderen Schwenkdüse beim Anflug der XZ849 auf den Träger. Wasseranwendung mindert zudem die kritische (JPT – Jet Pipe Temperature) Schubdüsentemperatur, d. h. die Zählrate des Triebwerklebensdauer-Rekorders ist ebenfalls niedriger. Normal liegt die JPT in Fernost 50 °F (10 °C) höher als in England (700 °F gegenüber 650 °F = 371 °C zu 343 °C). Diese Maschine fliegt ohne die beiden 30 mm Aden-Kanonen unter der Rumpfmitte. Die Staffel verzichtete darauf für einen Teil der Übungen zur Senkung des Startgewichts im energiemindernden Klima.

Gegenüberliegende Seite:
Sechsmonatige Abwesenheit von der Heimatbasis Yeovilton stellte an die Techniker der *SeaHarrier*-Staffel höchste Anforderungen. Weitere Belastungen entstanden für die 800. Staffel 1992 dadurch, daß nur sechs FRS.1 für *Orient Express '92* wegen eines vorrangigen FRS.2-»Zurück-zum-Werk«-Programms verfügbar waren. Fraglos war das eingeschiffte halbe Dutzend Jets während der ganzen Operation sehr zuverlässig, wenngleich eine FRS.1 (ZA193) kurz nach dem Auslaufen des Trägers durch einen nicht-fatalen Unfall verloren ging. Wie intensiv das Einsatzflugprogramm der Staffel während der *Starfish-* und *Adex 92-4-*Übungen tatsächlich war, wird an den abgenutzten Stirnrändern der Lufteinläufe und Flügelnasen der Maschine deutlich. Diese leichten Schadstellen wurden nach Übungsende sofort ausgebessert.

Wiederum war die 800. Staffel mit Offensiv- und Defensiv-Einsätzen hart gefordert, unterstützt durch die *SeaKing* AEW.2A und E-2 der RSAF aus Singapur. Zur Steigerung der Einsatzwirksamkeit letzterer waren zwei Jägerleitoffiziere aus Singapur für die Übungsdauer der *Adex 92-4* an Bord der *Invincible.* Als Teil der Flotten-Luftverteidigung operierten die *SeaHarrier* nach dem »Flexi-Deck«-Verfahren im Gegensatz zur sonst normalen »2 über 2«-Taktik. Dabei starten zwei Jets unmittelbar vor einer weiteren Zweierrotte FRS.1, die nach einstündigem CAP-Einsatz zurückkehrt. Zur Verlängerung der Stehzeit im Einsatzraum nutzte man alle verfügbaren Luftbetankungsmöglichkeiten. Dazu hatte die RAF einige VC-10K.2 Tanker aus England und Deutschland auf den Kuala Lumpur-Zivilflughafen als Teil des umfangreichen RAF-Übungskontingents verlegt. Beispielhaft für die verlängerbare Missionsdauer der *SeaHarrier* FRS.1 mit Luftbetankungseinrichtung war eine Fünf-Stunden-Nonstop CAP-Mission des Staffelchefs, LtCdr D. D. 'Dave' Braithwaite (ein Falkland-Veteran der 801. Staffel), mit mehrfacher Luftbetankung. Einer Vielzahl von Zielen begegneten die FRS.1-Piloten bei ihren Patrouillenflügen. Sie reichten von RSAF F-16 bis zu malaysischen A-4 und MB-339A.

Nach Ende der beiden operationellen Hauptübungen Ende September lief die Trägerkampfgruppe für einen letzten Hafenaufenthalt in Fernost Hongkong an, ehe sie auf der Heimfahrt westwärts durch den Indik und den Suez-Kanal bekanntere Gewässer des östlichen Mittelmeers erreichte. Hier gab es Anfang November noch eine kürzere Marschpause der Kampfgruppe mit Landstationierung der weiter voll beschäftigten Bordfliegergruppe in Akrotiri zu Bombeneinsätzen auf zyprischen Übungsplätzen und Routine-Übungen mit anderen Kampfgruppen. Am 26. November schließlich kehrten die eingeschifften Staffeln zu ihren Heimatbasen zurück, die 814. und 849. nach Culdrose, die 800. und 845. nach Yeovilton. Die *Invincible* erreichte nach siebenmonatiger Abwesenheit ihren Heimathafen durch den Ärmelkanal.

Bei Drucklegung dieses Buchs lief die letzte Fernost-Operation *Ocean Wave '97*, seit dem *Orient Express 92* erstmals wieder mit einer RN-Kampfgruppe.

Zurück an Bord bringt die Decks-Crew der 800. Staffel an der FRS.1 ZE691 nach abgestelltem Triebwerk sofort sämtliche mit roten Warnfähnchen gekennzeichneten Sicherheitssplinte an Auslegern, Waffenpylons usw. an, auch der Pilot hat dies vor Verlassen des Cockpits am Martin Baker-Schleudersitz zu tun. Inzwischen ist der Decktraktor zum Rückwärtsschieben der Maschine auf das Achterdeck angekoppelt, wo die Techniker die Kraftstoffbehälter mit 8000 lb (3630 kg) Kerosin (Avtur) betanken, die Wassereinspritzbehälter auffüllen sowie Ölstand und Hydraulikdruck prüfen. Nach rund 45 Minuten Turn-Around-Zeit kann das Flugzeug wieder startklar gemeldet werden. Als F/A.2 ganz neu aufgerüstet flog die ZE691 danach bei der 899. Staffel.

NA
SMITH
1

Unten:
Während die meisten schnellen Einsatzjets einziehbare Lufttankstutzen haben, sind die *SeaHarrier* (FRS.1 und F/A.2) vor dem Cockpit mit festen Luftbetankungssonden (auch »Schnorchel« genannt) ausgerüstet. Diese starre Einrichtung wird künftig Kennzeichen aller *SeaHarrier* sein. Bislang waren sie nur zu Langstrecken-Überführungsflügen damit ausgerüstet. Künftige Einsatzszenarien sehen häufige Missionen weiter entfernt vom Träger vor, wie schon über Bosnien-Herzegowina. Für kraftstoffkritische *SeaHarrier* typische Einsätze mit 8000 lb (3630 Liter) Kerosin (Avtur) an Bord dauern je nach spezifischem Einsatzprofil 45–60 Minuten. Harte ACM (Air Combat Maneuver)-Luftkampfmanöver verursachen höheren Kraftstoffverbrauch als etwa in größerer Höhe geflogene bewaffnete Aufklärung oder CAP (Combat Air Patrol)-Missionen. Mit Luftbetankungseinrichtung kann vor Erreichen der eigentlichen Kampfzone oder danach vor Rückflug zum Träger nochmals Kerosin aufgetankt werden. Die ZE693/127 wartet mit leerlaufendem Triebwerk an Deck auf die Startfreigabe.

Eingeschiffte Luftfahrzeuge

800. Staffel – Sea Harrier FRS 1
ZD580/122
ZD611/123
ZE691/124
XZ459/125
ZA193/126*
ZD579/126
ZE693/127

* vor Zypern am 28.5.1992 abgestürzt

814. Staffel – Sea King HAS 5
ZD630/65
ZA169/66
ZD633/67
ZD637/68
ZE419/69
XV710/70
ZG818/71

845. Staffel »Det 2« – Sea King HC 4
ZD477/A
ZA312/B

849. Staffel »A« Flight – Sea King AEW 2A
XV664/185
XV650/186
XV656/187

Links:
Mit neun Piloten kam die 800. Staffel von Yeovilton aus zur Operation *Orient '92* an Bord, sieben beendeten damit ihre erste Frontunternehmung. Nur der Staffelchef, LtCdr 'Dave' Braithwaite, nahm zuvor schon an einer längeren Operation *(Orient Express '83)* teil, während der Einsatzoffizier, LtCdr Dave Baddams, Fernost-Erfahrungen mit A-4G Skyhawk-Einsätzen an Bord der HMAS *Melbourne* (A 21) hatte. Lt. Paul Stone (Bild) war einer der »Erstlinge« und seither auf einer Tour als Lehrer bei der 899. Staffel, wozu ein Bordeinsatz auf der *Invincible* im September 1994 in einer F/A.2 zählte, bei dem dieser neue Typ erstmals über Bosnien-Herzegowina zum Einsatz kam.

Sofort nach dem Triebwerkstillstand werden die Lufteinläufe mit roten FOD (Foreign Object Debris)-Fremdkörper-Schutzblechen abgedeckt, um Beschädigungen der Kompressorblätter durch den Fahrtwind vom Trägerdeck aufgewirbelte Teile zu verhindern. Erst kurz vor dem Triebwerkanlassen werden sie wieder entfernt und schnell greifbar hinter der Insel aufbewahrt.

Mit erhobener grüner Startflagge gibt der FDO (Flight Deck Officer), hinter der weißen Flügelend-Sicherheitslinie stehend, den Start für den *SeaHarrier* frei. Bei 55 % Leistung des *Pegasus*-Triebwerks löst der Pilot die Bremsen, die Beschleunigung der Maschine ist atemberaubend. Auf wenigen Metern kommt sie beim Kurzstart an Deck von Null auf 90 Knoten (167 km/h) und hebt ab.

Gegenüberliegende Seite:
»SPLOT« (Senior Pilot) LtCdr Dave Baddams übergibt dem 1. Wart das Bordbuch der ZD580, der es zum Wartungsbüro der Staffel im unteren Hangardeck bringt. Die kleinste Beanstandung, die geringste Störung oder Geräteausfall trägt er nach dem Flug mit seiner Unterschrift zur technischen Auswertung ein. Die mit der Fehlerbehebung, Reparatur und Prüfung befaßten Techniker haben die korrekte Ausführung ihrer Arbeiten gleichfalls unterschriftlich zu quittieren. Dadurch wird jede Einzelheit in dieser quasi »Lebenslaufakte« des Flugzeugs urkundlich festgehalten. »Aussie« (Australier) Baddams hatte in den ersten 80er Jahren seine geliebte A-4G *Skyhawk* in der australischen Marine (RAN) geflogen, ehe er nach dem Verkauf dieser Maschinen an Neuseeland zur FAA nach England kam. Mit drei A-4K war er nach seinem Flugbuch am *Adex 92-4*-Manöver beteiligt. Die »SPLOT«-Funktion übernahm er Anfang September 1992 vom Veteranen der Operation *Corporate*, LtCdr Simon Hargreaves. Dazu brachte er die profunde Erfahrung seiner mehr als 3000 Jet-Flugstunden mit.

LTCDR BRA
ONLY
28.

Links:
Blick auf die Brückenstruktur der Insel mit dem vorn dominierenden Antennendom des Feuerleit-Radars Typ 909 für das wichtigste Defensiv-Waffensystem BAe *SeaDart*. Darüber liegt die Kommandobrücke, bei der RN *Compass* Platform genannt. Die schräge tischförmige Antenne über der Brücke dient dem Satellitenempfang. Die umlaufende Gitterantenne ist integraler Teil des Weitbereichsradar-Luftwarnsystems. Die übrigen Antennendome beherbergen das SCOT (Secure Communications)-Nachrichtensystem.

Gegenüberliegende Seite:
Einer der Hubschrauber, die während der langen Übung vorübergehend auf die *Invincible* kamen, war dieser Westland *Wasp* HAS.1 der 3. RNZAF-Staffel (Royal New Zealand Air Force) vom Flottentanker HMNZS *Endeavour* (A 11) mit dem leuchtorange »ER«-Kürzel in der Bugaufschrift. Die RNZAF verfügt über sieben *Wasp* für die Marine, die meist an Bord von Fregatten der *Leander*-Klasse eingeschifft sind.

07
FLEET
OILER

Operation *Grapple*

Datum: März 1993
Ort: In der Adria
Träger: HMS *Ark Royal* (RO 7)

In Vorbereitung auf die bevorstehende Operation kam der Verlegung zweier *SeaHarrier* der 801. Staffel auf den NATO-Übungsplatz Decimomannu/Sardinien besondere Bedeutung zu. Sie kehren hier, beladen mit drei CBLS (Carrier Bomb/Light Stores)-Übungsbomben-Behältern, zum Träger zurück. Das zweiwöchige APC (Armament Practice Camp)-Waffeneinsatz-Trainingslager im März 1993 war wegen behördlicher Tiefflugbeschränkungen für die Staffel über Italien das erste für die FRS.1. Im Vergleich zu ähnlichen Übungen in England soll dieses APC aufgrund der restriktiven Anflugvorschriften auf den Schießplatz für die Teilnehmer geringeren Wert gehabt haben.

Als der Zusammenbruch der früheren Unionsrepublik Jugoslawien 1991/92 zum offenen Bürgerkrieg eskalierte und die Lage im neu entstandenen Staatsgebiet Bosnien-Herzegowina sich durch den militanten Kampf der serbischen Volksgruppen gegen die muslemischen Bosnier um die Kontrolle im Lande rasch verschlechterte, griffen nach der UNO auch NATO und WEU (Western Economic Union) als Makler für eine friedliche Regelung der ethnischen Streitigkeiten zwischen beiden Parteien ein. Nach zunehmenden Grausamkeiten beschloß der UNO-Sicherheitsrat den militärischen Einsatz zur Schaffung von Schutzzonen für zivile Opfer der Kämpfe und ein gleichzeitiges Waffen-Embargo an Land und auf See durch NATO-Marinen entlang der Adria-Küste. Als die UNO im August 1992 über Bosnien-Herzegowina ein Flugverbot für Militärflugzeuge verhängte, dennoch beiderseits ständige Verbotsverletzungen stattfanden, begann im April 1993 die Operation *Deny Flight*, an der Hunderte von NATO-Flugzeugen zur ständigen Luftraumüberwachung der umstrittenen Gebiete teilnehmen.

Als Teil der UNPROFOR-Streitkräfte zur Unterstützung und Durchsetzung der UNO-Beschlüsse, verlegte die RN eine Kampfgruppe von sechs Schiffen mit dem Träger HMS *Ark Royal* als Kern in die Adria. Am 14.1.1993 kündigte der britische Verteidigungsminister Malcolm Rifkind Schiffsverstärkungen als Abschreckung gegen weitere Angriffe auf britische Streitkräfte an. Obwohl nicht ausdrücklich in die NATO- und WEU-Operationen integriert, bezogen die *Ark* und ihre Begleitschiffe, darunter die Typ 22-Fregatte HMS *Broadsword* (F 88, später abgelöst durch das Schwesterschiff HMS *Brilliant*, F 90), die holländische Fregatte der *Kortenaer*-Klasse HMNLS *Abraham Crijnssen* (F 816), und HMS *Coventry* (F 98) und die Flottenversorger RFA *Fort Grange* (A 385) und *Olwen* (A 122) Ende Januar Station vor der bosnischen Küste und operierten in den engen adriatischen Seegebieten bis zum Juli. Seit Beginn dieser langdauernden Operation waren acht *SeaHarrier* FRS.1 der 801. Staffel, drei *SeaKing* AEW.2A der »B«-Flight der 849. Staffel und acht *SeaKing* HC.4 der 846. Staffel sowie sechs 105 mm-Haubitzen der Kgl. Artillerie nebst einem kombinierten Kommando der Kgl. Marineinfanterie (Royal Marines) und Armee-Luftlandetruppen (Royal Army Airborne) als eigene Kampfgruppe an Bord.

Vor der Fahrt in die Adria bereitete sich der Träger vor Gibraltar intensiv auf diese Operation vor. Dazu praktizierten die HC.4 gemeinsame Ausbildung mit dem 94. Kgl. Artillerieregiment in der Lathbury-Kaserne und weitere Übungen mit anderen Armee-Einheiten auf der Windmill Range der Halbinsel. Eilig fand auch eine *Adex* (Air Defence Exercise)-Übung für die *SeaHarrier* und *Seaking* AEW zusammen mit in Gibraltar stationierten RAF *Tornado, Hawk, Buccaneer* sowie FRADU (Fleet Requirements & Direction Unit) *Hunter, Falcon* und *Canberra* statt. Die Anwesenheit der Trägerkampfgruppe in der Adria schien Serben wie Moslems vor weiteren Angriffen auf britische Bodentruppen abzuschrecken, wenigstens für kurze Zeit. Zur eigenen Inübunghaltung und ständigen Bereitschaft vor der Küste nahmen die RN-Schiffe an vielen Übungen teil, erstmals auch zusammen mit der französischen FNTG (French National Task Group) unter Führung des Trägers *Clemenceau* (R 98) und der Kampfgruppe des Super-Trägers USS *Theodore Roosevelt* (CVN 71) der 6. US-Flotte. Auch die italienische Marine lud die *Ark* zu gemeinsamen Manövern im Ionischen Meer ein.

Gegenüberliegende Seite:
An der Operation *Grapple* waren überwiegend *SeaKing* HC.4 der 845. und 846. Staffel in voller Stärke an Bord beteiligt, um alle notwendigen Unterstützungseinsätze für britische Bodentruppen in Bosnien auszuführen. In den ersten acht Wochen 1993 waren die 16 »Junglies« entweder an Land auf dem vorgeschobenen Stützpunkt Split in Kroatien oder an Bord des »LPH« (Landing Amphibious Helicopter)-Trägers HMS *Ark Royal* stationiert. »Victor Mike« (VM, ZD478) wartet hier auf die Startfreigabe zu einem kurzen Sprung zum Staffelbrückenkopf auf dem Flughafen Bari während eines VERTREP (Vertical On Deck Replenishment)-Einsatzes vor der italienischen Küste. Gut zu sehen das Sling-Ladegeschirr unter dem Hubschrauber.

Außer Bombenwurf-Übungen auf trockenen sardischen Boden beteiligten sich die Piloten der 801. Staffel lieber an DECT (Dissimilar Air Combat Training)-Luftkampfübungen von Bord der *Ark Royal*. Aufgrund der operativen Enge in der Adria und Nähe des französischen Trägers *Clemenceau* (R 98) und des US-Super-Trägers USS *John F. Kennedy* (CV 67) gab es keinen Mangel an freundlichem »Gerangel« mit alliierten Flugzeugen. Während der ersten vier Operationsmonate konnten sich die *SeaHarrier* erstmals mit französischen *Super Etendard* und *Crusader* sowie F-14 und F/A-18 des *Big John* messen. Alle Beteiligten zogen daraus großen Nutzen und bereicherten ihre Einsatzerfahrungen ganz entscheidend. Durch gegenseitigen Pilotenaustausch lernte man die Einsatzgrundsätze der anderen Marinen besser kennen. Fleckig und ölig durch fast 19tägiges pausenloses Fliegen in Decimomannu kehrt die ZD607 auf die *Ark* zu notwendigen Wartungsarbeiten zurück. Das schwarz-weiße Schachbrettmuster am Seitenruder als Kennmarkierung der 801. Staffel aus der ersten Hälfte der 80er Jahre ließ der neue Staffelchef, LtCdr Tim Mannion, nach Kommandoübernahme von 'Soapy' Watson im November 1992 wieder anbringen.

Zwei Monate vor Eintreffen der Trägerkampfgruppe war schon der Versorger RFA *Argus* (A 135) mit vier *SeaKing* HC.4 der »B«-Flight (später Kommando 4) der 845. Staffel im Rahmen der Operation *Grapple* vor Ort. Diese Hubschrauber und das zugeordnete CHOSC (Commando Helicopter Operations & Support Cell) wurden alsbald mit dem britischen Kontingent der UNPROFOR (UN Protection Force) in Bosnien-Herzegowina eingesetzt. Tatsächlich flogen die FAA-HC.4 »Junglies« in den dreieinhalb Folgejahren mehr Einsätze in diesem Gebiet als jedes andere britische Flugzeug.

SeaHarrier bevölkern das Flugdeck nach geballter Rückkehr aus Sardinien am Morgen des 31. März 1993. Diese Maschinen wurden entweder auf das Achterdeck oder unter Deck in den Hangar zur notwendigen Wartung verbracht.

Als 1993 klar wurde, daß die Trägergruppe nicht mit unerwarteten Evakuierungen britischer Truppen vom Balkan zu rechnen hatte, kehrten vier HC.4 der 846. Staffel Mitte März nach Yeovilton zurück. Hier begann sofort ein intensives Tiefflugtraining mit NVG (Night Vision Goggles)-Nachtsichtbrillen, da die volle Einsatzfähigkeit für diese wichtigen Aufgaben durch die plötzliche Verlegung an die Adria für rund zwei Drittel der Frontbesatzungen nicht mehr erreicht worden war. Die verbleibenden Hubschrauber flogen im Verband des »Kommandos 4« weiterhin Fronteinsätze. Durch ständigen Austausch der Besatzungen zwischen Träger und RNAS Yeovilton erreichte man bald volle Tiefflugfähigkeit. Um Zeit und Aufwand für den dauernden Yeovilton-Adria-Personalaustausch zu sparen (von Kosten ganz zu schweigen), bat die RN ihre italienischen Alliierten um die Möglichkeit, NVG-Training über Italien durchzuführen. Eine Entscheidung ließ auf sich warten. Auch zwei *SeaHarrier* kehrten nach Yeovilton zurück, als eine erhöhte Staffelstärke nicht mehr erforderlich war. Vier HC.4 blieben aber in rollendem VertRep (Vertical Replenishment)-Einsatz für Nachschub und Personalaustausch zwischen den RN-Landeköpfen und der Flotte vor der Küste. Zur sicheren Flugdurchführung bei Nacht und Schlechtwetter benutzten die Besatzungen Nachtsichtbrillen. Die Nachrüstung der HC-4 mit GPS (Global Positioning System)-Satellitennavigation und AN/AAR-47 MAWS (Missile Approach Warning System) LFK-Warnsystemen erwies sich als überaus wertvoll.

Während die 846. Staffel zwischen Küste und Schiffen hin- und herpendelte, arbeitete die »B«-Flight der 849. Staffel sehr eng mit französischen und amerikanischen sowie anderen eigenen FAA-Einheiten zusammen. Neben mehr konventionellen ASW (Anti-Submarine Warfare)-Missionen, fungierten die Besatzungen als behelfsmäßige Fluglotsen in der Luftraumkontrolle und benutzten ihr Searchwater-Radar zur Überwachung des Schiffsverkehrs vor den Küsten Bosniens und Kroatiens.

Nach Rückkehr der halben 846. Staffel nach Yeovilton Mitte März 1993 bildeten drei der vier auf der *Ark Royal* verbliebenen HC.4 das »Kommando 4«. Zwischen zwei Shuttle-Einsätzen warten sie hier an Deck mit leerlaufenden Turbinen. Entgegen den Front-»Cabs« (*SeaKing*) in gesamt-weißer UN-Bemalung und zusätzlichem Besatzungsschutz durch gepanzerte Sitze, Kevlar-Kabinenbodenpanzer, MAWS (Missile Approach Warning System)-LFK-Warnsystem, Flutlichtscheinwerfer, verbesserte »HaveQuick«-Multifrequenz-Funkgeräte und Mode 4-IFF (Identification Friend or Foe), behielten die Hubschrauber auf dem Träger ihren ursprünglichen Ausrüstungs-Standard.

Nach dem Abheben vom achteren Hubschrauber-Landedeck des Versorgers RFA *Olwen* setzt sich die ZG819/18 langsam zu einem anderen »Verpflegungsflug« wieder zur RFA *Fort Grange* ab. Die 820. Staffel nannte die Operation *Grapple* lieber »Yugotours '93«, um zu verdeutlichen, daß sie verärgert lediglich »Milchkartons und komische Zuccinis« abwarfen. Im Ernst: Tatsächlich sammelte die Einheit wertvolle Erfahrungen im gleichzeitigen Einsatz von 2–4 Hubschraubern auf Schiffen mit nur einem kleinen Landedeck.

Die im März abflauenden Kämpfe erlaubten der 801. Staffel, fünf ihrer sechs FRS.1, neun Piloten und 110 Techniker zum Waffenübungsplatz Decimomannu zu schicken und auf Sardinien drei Wochen intensiv Bodenangriffe zu üben. Angesichts der künftigen Rolle der *SeaHarrier* im folgenden »Schieß«-Krieg der NATO über Bosnien 1994/95 erwies sich dieses Training als sehr zweckmäßig, obwohl die Staffel bei dieser Operation keinen einzigen Schuß abgab. Trotzdem *SeaHarrier*-Staffeln jahrelang regelmäßig bei der ACMI (Air Combat Manoeuvering Instrumentation)-Luftkampftrainingsüberwachung in Decimomannu auf Sardinien übten, hatte bis dahin keine FAA-Staffel einen APC (Armament Practice Camp)-Waffeneinsatzkurs absolviert. Daher flog die 841. Staffel (unter ihrem Chef LtCdr T.S. 'Tim' Mannion) über 140 CAS (Close Air Support)-Bodenunterstützungs-Einsätze mit FAC (Forward Air Controller) d.h. vorgeschobenen Jägerleitoffizieren. Konventionelle und Hochangriffe mit scharfen Bomben, Raketen-Tiefangriffe und Präzisions-Fotoaufklärung von stark verteidigten Zielen machten die Masse der Übungseinsätze aus. Vor dem Deci-Aufenthalt hatte die Staffel PI (Practice Intercept)-Abfangmissionen gegen eigene Staffelkameraden sowie gegen französische, italienische und USN-Flugzeuge geübt.

Zur Steigerung der Einsatzwirksamkeit der Piloten in der Luft/Boden-Zweitrolle, wurden Defensiv-Bewaffnung und Selbstschutz der FRS.1 durch Zurüstung von AN/ALE-40 Chaff/Flare-Dispensern und Mode 4-IFF-Ausrüstung verbessert. Durch diese IFF-Ausstattung wurden die *SeaHarrier* mit allen anderen NATO-Luftwaffeneinheiten kompatibel. Noch vor dem Abflug erfolgte eine, von den Piloten dankbar begrüßte, eilig eingerüstete Modifikation von handelsüblichem GPS (Global Positioning System) mit Display auf dem Instrumentenbrett im Cockpit.

Wegen der bei Operationsbeginn zusätzlich auf der *Ark* eingeschifften *SeaHarrier* und *Seaking* HC.4 mußte die 820. Staffel ihre HAS.6 während der ganzen ersten Überwachungsphase von den Versorgern *Fort Grange* (4 »Cabs«) und *Olwen* (2) aus einsetzen. Ohne realistische Unterwasser-Bedrohung in den flachen und viel befahrenen adriatischen Küstengewässern gab es keine echten ASW-Aufgaben für die Piloten. Anders war es nur, wenn die Kampfgruppe ins Ionische Meer zu Übungen mit anderen RN-Schiffen (einschließ-

1
8
820
ARRY

lich U-Booten) lief und die Staffel ihre eigentliche Primärrolle wahrnahm. Außer zusätzlicher Entlastung der HC.4 bei VertRep-Missionen, führte die 820. Staffel eine Reihe SURSEARCH (Surface Search)-Einsätze zur Kontrolle von Embargo-Brechern durch, die versuchten, mit Konterbande kroatische oder bosnische Häfen anzulaufen.

Im Juli 1993 wurde *Ark Royal* im Mittelmeer durch die *Invincible* abgelöst, damit begann die routinemäßige, bis Anfang 1996 dauernde Adria-Überwachung. Trotz der ersten zur Abwehr gegnerischer Bedrohung übereilt begonnenen Operation, war es für die FAA irgendwie unbefriedigend, nicht einen Schuß während der sechsmonatigen Adria-Stationierung abgefeuert zu haben. Bedauerlicherweise war dies bei nachfolgenden Unternehmen dann nicht mehr der Fall.

Embarked Aircraft

801. Staffel – Sea Harrier FRS 1
ZD581/000
ZD607/001
XZ492/002
ZE694/003
ZD614/004
XZ459/005*
ZD691/006**
ZE693/007*
ZE692/713***

* 1.3.1993 Rückkehr nach RNAS Yeovilton
** 18.1.1993 Rückkehr nach RNAS Yeovilton
*** von 899. Staffel, Ablösung für »006«

846. Staffel – Sea King HC 4
ZE428/VH*
ZA299/VJ*
ZF117/VK
ZE426/VL
ZD478/VM
ZA291/VN*
ZA293/VO*
ZD480/VP**

* 1.3.1993 Rückkehr nach RNAS Yeovilton
** zuvor »C« bei 845. Staffel

849. Staffel »B« Flight – Sea King AEW 2A
XV650/182
XV672/183
XV649/184

Gegenüberliegende Seite:
Bei geringer Über- und Unterwasser-Bedrohung der Trägerkampfgruppe in der Adria, wurde die 820. ASW-Staffel während der Operation *Grapple* von Bord der Versorger RFA *Fort Grange* (4) und *Olwen* (2) als 820ste »A« Flight eingesetzt. Außer periodischen CASEx (CAS Exercise) und SURFEx (Surface Exercise)-Übungen in meist offenen Gewässern des Ionischen Meeres galt die Masse der Einsätze im Krisengebiet der Anbord-Lieferung von Verpflegung auf Schiffe der Kampfgruppe. Der neu gebaute *SeaKing* HAS.6 ZG819 (Spitzname »ARRY«) von der 820. »A-Flight« hautnah von vorn gesehen, siehe Markierung auf der Batterieklappe zwischen den Racal MIR-2 »Orange Crop« ESM-Antennen.

Abkürzungen

AAA	Anti-Air Artillery	Flak
AAM	Air-to-Air- Missile	Luftkampf-LFK
A&AEE	Aerospace & Armaments Experimental Establishment	Luftfahrt- u. Waffenversuchsstelle
AAS	Air-to-Air Sensor	Luft/Luft-Sensor
AAX	Under nose TV Camera Set	Kinn-TV-Kamera
Ace	VF-41 (*Black Aces*)	Taktisches Rufzeichen VF-41 (BombCats)
ACLS	Automatic Carrier Landing System	Automatisches Trägerdeck-Landesystem (SPS-41)
ACM	Air Combat Maneuver	Luftkampf-Manöver
ACMI	Air Combat Manoeuvering Instrumentation	Luftkampfmanöver-Überwachungssystem (Decimomannu)
AE	Auxiliary Ammunition Ship	Munitionsversorger
AEW	Airborne Early Warning	Fliegende Frühwarnung
AFB	Air Force Base	Fliegerhorst
AFCS	Adv. Automatic Flight Control System	Automatisches Flugsteuerungssystem
AFS	Atlantic Fleet Squadron	Atlantikflotten-Staffel
AGM	Air-to-ground Missile	Luft-Boden-LFK
AIM	Air Interception Missile	Luftkampf-LFK
AIRPAC	Air Forces Pacific	Pazifik-Luftwaffen
ALD	Low-Band Phase Measuring Direction Finder	Richtungsmeßgerät
ALE-39	Chaff/Flare Dispenser	Stör/IR-Blitz/Düppel-Ausstoßanlage/behälter
ALQ	Airborne Signal Tracking Breaker	Bordsignalstörgerät (-41)
ALR	Airborne ESM Sensor	ALR-76, S-3B, EloKa-Sensor Pod
AMRAAM	Advanced Medium-Range Air-to-Air Missile	Mittelstrecken-Luftkampf-LFK AIM-120
AN/	Air Navigation	Flugzeug-Bordsystem
ANG	Air National Guard	Nationalgarde (AFRES)
AO	Auxiliary Oiler	Flottentanker
APC	Armament Practice Camp	Waffen-Übungslager
APG	Airborne/Aerial Precision Guidance	Bordradaranlage
APN	Airborne Doppler Navigation System	Bordnavigationssystem
APQ	Air-to-Ground Radar	Luft-Boden-Radar
APS	Air Precision Search	Bord-Suchradar
APS-137(V)1	Inverse Synthetic Aperture Radar/ISAR	Elektronisch gesteuertes Bordradar
APX	Air Precision Experimental	IFF (APX-100, Hazeltine) Freund-Feind-Kennung
ARC	Airborne Radio Transceiver	Bordradio-Sender/Empfänger
ASR	Armed Surface Reconnaissance	Bewaffnete Landaufklärung
ASW	Anti-Submarine Warfare	Anti-U-Boot-Kriegsführung (U-Jagd)
Avtur	Commercial Aviation Turbine Fuel	Turbinenkraftstoff, Kerosin
AW2/3	Naval AirCrew Man 2 or 3	Marineflieger-Besatzungsmitglied
AWACS	Airborne Early Warning & Control System	Fliegendes Frühwarn- und Leitsystem
AWG	Airborne Weapon Guidance	Bord-Waffeneinsatz/Leitanlage (AWG-9)
BB-Stacker	Armourer	Waffentechniker, Belader
Bear Aces	VAW-124, E-2C	Bord-Frühwarnstaffel 124 (USN)
BFZ	Battle Force Zulu	Kampfgruppe »Z«
Big John	USS *John F. Kennedy*	CV 67
BIOT	British Indian Ocean Territory	UK Indik-Gebiet (Diego Garcia)
Black Aces	VF-41, F-14A	Bordjagdstaffel 41 (USN)
Black Box	Avionic Component (Built-in)	Avionic Einbaugerät
Black Ravens	VQ-5, ES-3A	Bord-EloKa-Staffel 5 (USN)
Blue Bombs	25 lb Mk 76 Exercise Bombs	»Blaue« 11,3 kg Übungsbomben
Black Shoes	Ship's officers, Non-Aircrew	(nichtfliegende) Schiffsoffiziere

Blue Water Ops	Operations at Sea	Hochsee-Operationen/Einsätze
Boneyard	Davis-Monthan AFB	(»Knochen«-)Sammelstelle ausgedienter Flugzeuge
Bounty Hunters	VF-2 Fighting Two, F-14D	Bordjagdstaffel 2
Bowsers	Refueller	Betankerungspersonal
Brown Shoes	Naval Aviators	Fliegendes Bordpersonal
Buddy-Buddy	Air Refuelling	Typgleiche Luftbetankung Flugzeug-Flugzeug (D-704)
Bullet	Kugel, Geschoß	Taktisches Rufzeichen VF-2
BuNo	Bureau Number	Seriennummer (USN, USMC)
CAG	Commander Air Group	Kommandeur Fliegergruppe
CAG Bird	Führer/Führungsflugzeug	Chef/Kommandeur v. Staffel/Gruppe/Geschwader
Carqual	Carrier Landing/Launching Qualification	Träger-Start/Lande-Qualifikation (Befähigung)
CAS	Combat Air Support	Erdkampfunterstützung
CASEX	CAS Exercise	CAS-Übung
Cat	Catapult One-Four	Bug/Seiten-Dampfkatapult (1-4)
CBLS	Carrier Bomb/Light Store	Bombenaufhängung (leicht)
CBU	Cluster Bomb Unit	Streubombe
CDG	Cruiser-Destroyer Group 1	Kreuzer-Zerstörer Gruppe 1
Cdr	Commander	Korvettenkapitän, Major
CG	Cruiser Guided Missiles	Lenkwaffen-Kreuzer
CHOSC	Commando Helicopter Ops & Spt Cell	Kommandohubschrauber Einsatz/ Unterstützungszelle/gruppe
CINCEUR	Commander-in-Chief Europe	Oberbefehlshaber Europa
CNATra	Chief, Naval Aviation Training	Chef Marineflieger-Ausbildung
CO	Commanding Officer	Einheits/Verbands-Führer
Coaming	Top of Instrument Panel	Instrumentenbrett-Ablage(kasten)
COD	Carrier-On-Board Delivery, US-3A	Träger-An-Bord-Zulieferung
ComTuEx	Competitive Training Unit Exercise	Übungswettbewerb für Ausbildungseinheiten
Conny	*Constellation*	USS *Constellation*
CONUS	Continental United States	USA (ohne Hawaii), US Army
Cross-Decking	Swapping Ops to other Carrier Deck	Deckaustausch/Wechsel-Operation
CV	Carrier Vessel	Flugzeugträger
CVN	Carrier Vessel Nuclear	Flugzeugträger (Atomantrieb)
CVW	Carrier Vessel Wing (USN)	Träger-Bordgeschwader
D	Destroyer	
D-704	Buddy-Buddy Pod, Douglas	Luftbetankungs-Zusatztankbehälter
DACT	Defensive Air Combat	Defensiver Luftkampf
DACT	Dissimilar Air Combat Training	Luftkampf-Training mit verschiedenen Gegnern
D.C.	District of Columbia (Washington)	Distrikt der Regierungshaupstadt
DCA	Defensive Counter Air	Defensive gegen Feindluftstreitkräfte (am Boden)
DD	Destroyer	Flottenzerstörer
DDG	Destroyer Guided Missiles	Lenkwaffen-Zerstörer
Death Rattlers	VMFA-323, F/A-18C	Bord-Jabo-Staffel 323 (USMC)
DECM	Deceptive Electronic Counter- Measure	ECM-Störbehälter (ALQ-126)
Desert Storm	Operation	Einsatz Golf-Krieg
Desperado	VAQ-141, EA-6B	Taktisches Rufzeichen VAQ-141
DFC	Designated Flight Course	Vorauswahl-Flugschulung
Diamondbacks	VMFA-323, F/A-18C	Bord-Jabo-Staffel 323 (USMC)
DPR	Defence Public Relations	Öffentlichkeitsarbeit im Verteidigungsbereich
DSC	Distinguished Service Cross	Hohe Dienstauszeichnung (UK)
DZ	Demilitarized Zone	Entmilitarisierte Zone Nord-/Südkorea
ECCM	Electronic Counter-Counter Measures	Elektronische Gegen-Gegen-Maßnahmen (ECM-Abwehr)
ECM	Electronic Counter Measures	Elektronische Gegenmaßnahmen
ECMO	Electronic Counter-Measures Officer	ECM-Offizier
EFOR	Extraction Force (OSCE-NATO)	OSCE-Beobachter-Abzugssicherungskräfte (NATO)
EPE	Enhanced Performance Engine	Leistungsgesteigertes Triebwerk (F404-402)
ESM	Electronic Support Measures	Elektronische Unterstützungsmaßnahmen

EW	Electronic Warfare	Elektronische Kampfführung (EloKa)
F	Fighter/Fighter Engine	Jäger, Jäger-Triebwerk
F	Frigate	Fregatte
FAA	Fleet Air Arm	Marinebordflieger (UK)
FAC	Forward Air Controller	Vorgeschobener Luftzieleinweiser (Jabo)
FAF	French Air Force, Armée de l'Air	Französische Luftwaffe
Falcon	VFA-137	Bord-Jabo-Staffel 137 (USN)
FDO	Flight Deck Officer	Flugdeckoffizier
FDR	Flexi-Deck Policy	
FFG	Fleet Frigate Guided Missile	Flotten-Lenkwaffen-Fregatte
FLIR	Forward-Looking Infra-Red/Pod	IR-Frontsicht(ziel)sensor/behälter
FlyCo	Flying Bridge	Flugkontrolloffizier (Brücke)
FOD	Foreign Object Debris/Damage	Fremdkörperteile/schaden
FONAC	Flag Officer Naval Air Command	Stabsoffizier des Marinefliegerkommandos
Four Row	Flugzeug-Startaufstellung hinter vier Bugkatapulten	
FPA	Fremantle Port Authority	Hafenbehörde Fremantle, West Australien
FPDA	Five Power Defence Arrangement	Fünf-Mächte-Verteidigungs-Abkommen
FRADU	Fleet Requirements & Direction Unit	Flottenbedarfs- und Führungseinheit (RN)
FRS	Fighter Recce Strike	VTOL-Jäger, Aufklärer, Jabo (Harrier FRS.1/2)
FRS	Fleet Replacement Squadron	Flotten-Ersatzstaffel
GBU	Guided Bomb Unit (HTP) Mk. 24	Lenkbombe, Abstandswaffe Mk. 24
GE	General Electric Engine Inc.	General Electric Triebwerke Inc.
Golden Falcons	HS-2, SH-60F/HH-60H	Bordmehrzweck-Hubschrauberstaffel 2 (USN)
Golden Warriors	VFA-87, F/A-18C	Bord-Jabo-Staffel 87 (USN)
GPS	Global Positioning System	Satelliten-Navigationssystem
Griffin	VS-38, S-3B	Bord-Unterstützungsstaffel 38 (USN)
Group 0, I, II	Retrofit	Leistungsgesteigerte/nachgerüstete Baugruppe
HARM	High-Velocity (Speed) Anti-Radiation Missile	Anti-Radar-LFK (AGM-88)
HE	High Explosive	Spreng (Gefechtskopf)
HIFRS	Hover In-Flight Refuelling System	Schwebeflug-Luftbetankungssystem
HIRSS	Hover Infra-Red Suppressor Subsystem	Hubschrauber-Schwebeflug IR-Dämpfungssystem
HMS	Her Majesty Ship (RN)	Ihrer Majestät Schiff
HMAS	Her Majesty Australian Ship (RAN)	I. M. Australien Schiff
HMNLS	Her Majesty Netherlands Ship	I. M. Niederlande Schiff
HMNZS	Her Majesty New Zealand Ship	I. M. Neuseeland Schiff
Hot Crew	Turnaround	Fliegender Besatzungswechsel
HTP	Hard Target Penetrator, GBU-24	»Bunkerknacker«
Huffer	Motorized Auxiliary Jet Starter Unit	Schlepper mit Anlaß-Hilfsturbine
IADS	Integrated Air Defence System	Integriertes LV-System (SEATO)
ICAP	Improved Capability	Leistungssteigerung
IFF	Identification Friend or Foe	Freund-Feind-Kennung/Identifizierung
IFOR	Implementation Force (UN) Bosnia-H.	»Durchführungs-Streitkraft« (Dayton-Abkommen)
IRST	Infra-Red Scanner/Tracker	Infrarot-Scanner/Zielführer
ISAR	Inverse Synthetic Aperture Radar	Elektronische gesteuertes Umkehr-Strahlwinkel-Radar
ITA	Intermediate Training Assessment	Fortgeschrittenen (Zwischenausbildung) Eignungsbeurteilung
JBD	Jet Blast Deflector	Schubstrahl-Abweiser
JFK	USS *John F. Kennedy*	CV 67
JO	Junior Officer (»Nugget«)	Jüngerer (unerfahrener) Offizier
JP-4/5	Jet Propellant	Turbinenkraftstoff
JPT	Jet Pipe Temperature	Strahldüsen-Temperatur
JTFE	Joint Task Force Exercise	Gemeinsame Einsatzgruppen-Übung
JTIDS	Joint Tactical Information Distribution System	Taktisches Informationsverteilungs-Verbund-system, NATO
Junglie	*SeaKing* HC.4 Royal Marines	SeaKing H.C.4 (getarnt) (Marineinfanterie)

KAF	Kuwaiti Air Force	Luftwaffe Kuwaits
KA/KS	Airborne Camera	Bord-Bildkameratypen (TARPS)
Kestrels	VFA-137, F/A-18C	Bord-Jabo-Staffel 137 (USN)
Lancers	VAQ-131, EA-6B	Bord-ECM-Staffel 131 (USN)
LANTIRN	Low-Level Air Navigation & Targeting IR Night Pod	IR-Nachttiefflug-und Zielsuch-Außenbehälter
LANTSUBASWEX	Atlantic ASW Exercise	Atlantic U-Boot-Abwehr-Übung
LCL	Laser Centerline Localizer	Laser-Landemittellinien-Anzeige
LDGB	Low-Drag General Purpose Bomb	Widerstandsarme Mehrzweck-Sprengbombe
LFK	Guided Missile	Lenkflugkörper
LGI	Laser Glideslope Indicator	Laser Gleitpfad-Anzeige
LLD	Landing Light Device	Lande-Lichtanzeige-Anlage (Meatball)
Lot	Construction Block	Baulos
LOx	Liquid Oxygen	Flüssigsauerstoff
LPH	Landing Amphibious Helicopter	Amphibischer Hubschrauber-Landungsträger
LSO	Landing Signal Officer	Lande-Leitoffizier
Lt	Lieutenant	Leutnant
Lt (jg)	Junior Officer (»Nugget«)	Junger Offizier/Leutnant (Neuling)
LtCdr	Lieutenant Commander	Fregattenkapitän, Oberstleutnant
LVLA	Laser Visual Landing Aids	Laser-Sichtlandehilfe
MAWS	Missile Approach Warning System	LFK-Annäherungswarnsystem (AAR-47)
MCAS	Marine Corps Air Station	Marineinfanterie-Flugbasis
MDD (MDC)	McDonnell Douglas Inc.	(MacAir)
MIL-STD	Military Standard	Militär-Geräte-Standard (NATO)
MoD(PE)	Ministry of Defence, PE Division	Verteidigungsministerium, London
NAF	Naval Air Facility	Marineflieger-Einrichtung (Werft)
NARF	Naval Air Rework Facility	Marine-Üeberholungswerft
NAS	Naval Air Station (USN)	Marinefliegerbasis
NFO	Naval Flight Officer	Marineflieger-Besatzungsmitglied
No-Fly Zone	Restricted/Off Limits Area	Ein/Überflug-Verbotszone Nord/Süd, Irak
NorLant	North Atlantic	Nordatlantik
Number 6 Spot	Rear Landing Deck Position 6 (RN)	Achterdeck-Lande/Start-Position 6 (RN-Träger)
NVG	Night-Vision Goggles	Nachtsicht-Brille
OCA	Offensive Counter Air	Offensive gegen Feindluftstreitkräfte (am Boden)
OEU	Operational Evaluation Unit	Truppen-Erprobungseinheit (RN), RNAS Yeovilton
OK Three Pass Ldg	Good Landing Phase/Position (USN)	Gute, sichere Landeposition/phase (USN-Träger)
Old Glory	US Flag	US-Flagge (Sternenbanner)
PA (System)	Public Address System	Lautsprecheranlage, Befehlsübermittlungssystem
PAO	Public Affairs Officer	Offizier für Öffentlichkeitsarbeit
PDS	Passive Defense System	Passives Selbstschutzsystem (ALR-73)
PGM	Precision-Guided Munition	Präzisions-Lenkwaffen
PI	Practice Intercept	Abfang-Übung
PIA	Pilot Initiated Approach	Anflug pilot-gesteuert
Pierce Arrow	Badge	Spitzer Pfeil, Staffelzeichen
PIO	Press & Information Officer	Presse- u. Informationsoffizier
PO	Press Officer	Presse-Offizier
Pod	Container	Außenlast-Behälter (Sensor, Waffen)
PR	Public Relations	Öffentlichkeitsarbeit
PRO	Public Relations Officer	Offizier für Öffentlichkeitsarbeit (ÖA)
Providers	VRC-30, C-2A	Bord-Versorgungsstaffel 30 (USN)
(R)	Retrofit	Nachrüstung, Modernisierung (F-14A/D)
RAAF	Royal Australian Air Force	Kgl. Australische Luftwaffe
RAF	Royal Air Force	Kgl. Britische Luftwaffe
RAG	Replacement Air Group	Fliegende Ersatz (Reserve) Gruppe
RAN	Royal Australian Navy	Kgl. Australische Marine
Range	Bomb/Gunnery	Bomben/Schießgebiet
RAST	Recovery Assist, Secure & Traverse	Schiffsdeck-Lande/Haltesystem
RAT	Ram Air Turbine	Luftsrom/Staudruck Hilfsturbine
Red Griffins	VS-38, S-3B	Bord-ASW/K-Staffel 38 (USN)

Red Rippers	VF-11	Bord-Jagdstaffel 11 (USN)
RFA	Royal Fleet Auxiliary	Marinehilfsschiff
RIO	Radio/Radar Intercept Officer (WSO)	Radar-Abfang (Waffensystem)-Offizier
RNAS	Royal Navy Air Station (FAA)	Marinefliegerbasis RN (Fleet Air Arm)
RNZAF	Royal New Zealand Air Force	Neuseeländische Luftwaffe
ROAF	Royal Omani Air Force	Omani Luftwaffe
R&R	Rest & Recreation	Erholungspause/aufenthalt
RSAF	Royal Saudi Air Force	Kgl. Saudische Luftwaffe
RSAF	Republic of Singapore Air Force	Luftwaffe der Republik Singapore
SAM	Surface-to-Air Missile	FlaRak
Sawbucks	VS-37, S-3A	Bord-Unterstützungsstaffel 37 (USN)
Scout Fuel	VS-24, S-3B (Tanker)	Bord (Tanker)-Unterstützungsstaffel 24 (USN)
Scout/s	VS-24, S-3B	Bord-Unterstützungsstaffel 24 (USN)
SCOT	Secured Communication Antenna	Abgeschirmte Nachrichtenantenne
SEAD	Suppression of Enemy Air Defence	Gegner-Luftabwehr-Bekämpfung
Sea Shadows	VQ-5 Det A, ES-3A	Bord-ECM/EloKa-Staffel-Kommando 5/A (USN)
SEATO	South-East Asia Treaty Organisation	Südostasien-Pakt-Organisation
SENSO	Sensor Operator	Sensor-Bediener/Offizier
SFARP	Strike-Fighter Adv. Readiness Program	Jabo-Fortgeschrittenen-Abschlußprogramm
SFOR	Stabilisation Force (UN)	Stabilisierungs-Streitkraft (Dayton)
Shadowhawks	VAQ-141, EA-6B-SHAR	
SeaHarrier (RN)	Abkürzungs für SeaHarrier (RN) VSTOL	
Skybolt	VAQ-131, EA-6B	Taktisches Rufzeichen VAQ-131
SLEP	Service Life Extension Program	Lebensdauerverlängerungsprogramm
SLUF	»Short Little Ugly Fella«	Spitzname der LTV A-7 Corsair II
Snakes	Schlangen	Taktisches Rufzeichen VMFA-323
SoCal OpArea	South Calfornia Operations Area	Einsatzgebiet Süd-Kalifornien
SPLOT	Senior Pilot	Erfahrener Pilot (über 3/5000 Flugstunden)
SPS-41	Automatic Carrier Landing System/ACLS	Automatisches Decklandesystem
Sqn	Squadron	Staffel
SSN	Submarine Attack Nuclear	Atomgetriebenes Angriffs-U-Boot
Sun Kings	VAW-116, E-2C	Bord-Luftüberwachungsstaffel 116 / Rufzeichen
SURFEX	Surface Exercise	Überwasser-Übung
SURSEARCH	Surface Search Mission	Überwasser-Sucheinsatz
Switch	Taktisches Rufzeichen VFA-151	
TACAN	Tactical Air Navigation	Taktische Navigations(bord)ausrüstung
TALD	Tactical Air Launched Decoy	Taktischer Luft-Schlepp-Täuschkörper
TARPS	Tactical Airborne Recce AWX Pod System	Taktisches Luftgestütztes Allwetter-Aufklärungsbehältersystem (F-14D)
TAW	Training Air Wing	Marine-Schulgeschwader
TCR	Tactical Cockpit Recorder	Taktisches Cockpit-Aufzeichnungssystem
TCS	Television Camera Set	TV-Kameraanlage
TEAMS	Tactical EA-6B Mission Support System	Taktisches EA-6B-Einsatzunterstützungssystem
TER	Triple Ejector Rack	Dreifach-(Abwurf-)Aufhängung
TJS	Tactical Jamming System	Taktisches Störsystem (ALQ-99F)
Tophatters	VF-14, F-14A	Bord-Jagdstaffel 14 (USN)
TPS Grey	Tactical Paint Scheme Grey	Taktischer Tarnanstrich, Grau
TRAM	Target Recognition Attack Multi-System	Zielfindungs/Angriffs-Mehrzwecksystem
Trident	HS-3, SH-60F/ HH-60H	Bordhubschrauberstaffel 3 (USN)
Troubleshooter	HSL-3 (Trident), SH-60F	Bordhubschrauberstaffel 3 / Land (USN)
UNREP	Underway Replenishment	Nachtanken/Versorgung in Fahrt (an Deck)
USAAC	US Army Air Corps	US Armee-Luftkorps
USAAF	US Army Air Force	US Armee-Luftwaffe
USAF	US Air Force	US Luftwaffe
USMC	US Marine Corps	US Marineinfanterie
USS	United States Ship	US Kriegsschiff
UTTAS	Utility Tactical Transport Aircraft System	Taktisches Mehrzweck-Transportsystem (S-70/UH-60)

VaCapes OpArea	Virginia-Cape Operations Area	Virginia Kap-Einsatzraum
Valion/s	VFA-15, F/A-18C	Bord-Jabostaffel 15 (USN)
Vanilla	Old Version	Veraltete, überholte Variante
VCR	Voice Cockpit Recorder	Cockpit-Gesprächsaufzeichnungsgerät
Velcroed	Velcro Attach Material	Velcro-Befestigungsmaterial
VERTREP	Vertical (On-Deck) Replenishment	An-Deck-Versorgung durch Hubschrauber
VF	Vessel Fighter	Trägerjagd-Staffel
VFA	Vessel Fighter Attack	Träger-Jagdbomber-Staffel
VHF/UHF	Very High Frequency/Ultra High Freq.	Kurz/Ultra-Kurzwelle
Vigilantes	VA-27, VFA-151, A-7D/F/A-18C	Träger-Jabo-Staffel (Strike)
VIP	Very Important Person	Höhere Führungskräfte, »Big Wheels«
VMFA	Vessel Marines Corps Fighter	Marine Corps Bordjäger-Staffel
Warrior	VFA-87, F/A-18C	Taktisches Rufzeichen VFA-87
WestPac	Western Pacific	Westpazifik
WEU	West-European Union	Westeuropäische Union
Work-Up	Carrier Deployment Preparation	Träger-Vorbereitungstraining
XO	Executive/Exercise Officer	Staffel-Einsatzoffizier
Zappers	VAQ-130, EA-6B	Bord-ECM/EloKa-Staffel 130 (USN)